MES FICHES perso

3e

MATHS

Cédric Gouygou
Gilles Lassus
Pierre-Antoine Desrousseaux

Nathan

Mode d'emploi des fiches perso

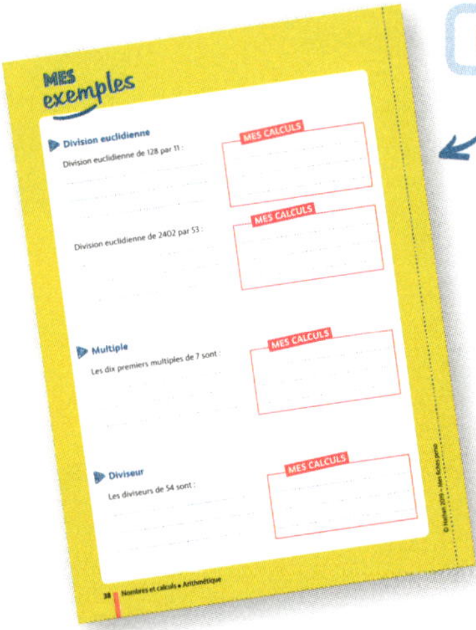

Rédige tes fiches de synthèse !

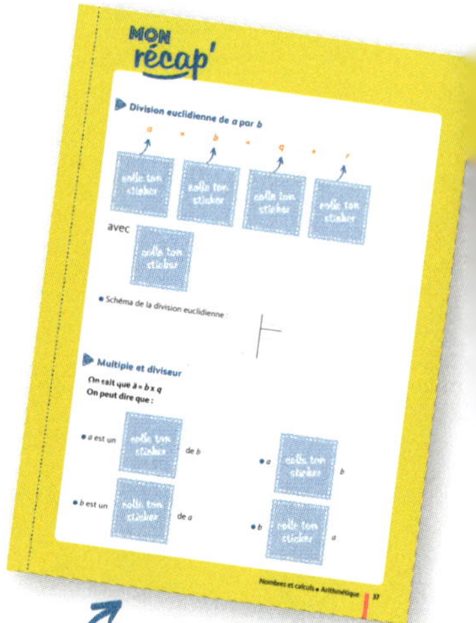

Complète tes fiches avec les stickers qui se trouvent à la fin de l'ouvrage.

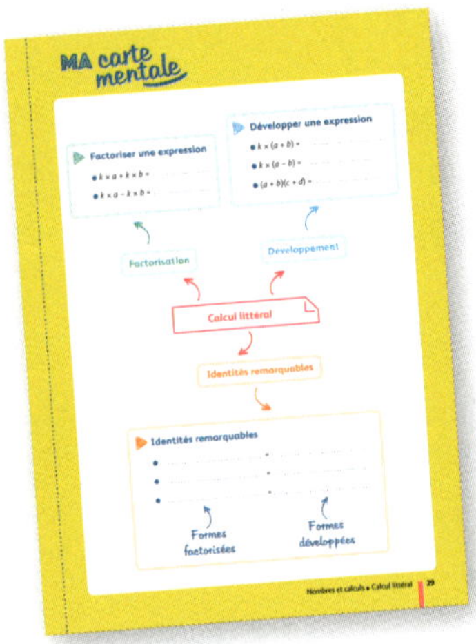

Personnalise tes cartes mentales !

ISBN : 978-2-09-157374-8

Sommaire

Les auteurs ont choisi d'illustrer la partie du programme Algorithmique et Programmation à l'aide du logiciel Scratch, utilisable en ligne (ou téléchargeable) à l'adresse https://scratch.mit.edu. Vous pouvez également utiliser Snap!, utilisable en ligne et sans installation : https://snap.berkeley.edu/.

Lue Relue Apprise

Méthodologie

Nombres et calculs

Calcul numérique

Calcul littéral

Arithmétique

Équations et inéquations

Sommaire

Fonctions

Lue Relue Apprise

Géométrie

Sommaire

Lue Relue Apprise

Théorème de Pythagore

Trigonométrie

Triangles semblables

Géométrie dans l'espace

Gestions des données

Statistiques et pourcentages

Sommaire

Lue | Relue | Apprise

Probabilités

Grandeurs et mesures

Algorithmique et programmation

Algorithmique

Programmation

Réussir l'épreuve du Brevet

1

mes notes

Depuis juin 2018, l'examen terminal du DNB est composé de cinq épreuves : quatre épreuves écrites et une épreuve orale. Les épreuves de Français, Mathématiques et l'oral sont notées sur 100 points. Les épreuves d'Histoire-Géographie-EMC et Sciences sont notées sur 50 points.
L'épreuve de mathématiques dure deux heures et est notée sur 100 points.

1 Composition de l'épreuve

Les 50 points de l'épreuve de mathématiques se répartissent ainsi :

- **Présentation de la copie, utilisation de la langue française : 10 points**

- **Exercices indépendants : 90 points**
La résolution de ces exercices (entre 6 et 8, assez courts) permet l'évaluation de la maîtrise des compétences « chercher », « modéliser », « représenter », « raisonner », « calculer », « communiquer » qui constituent les composantes majeures de l'activité mathématique.
Au moins l'un de ces exercices porte sur le nouveau thème « Algorithmique et programmation ».

2 Conseils pour la réussite

A Détails pratiques

- La calculatrice et tout le matériel classique de géométrie (équerre, compas, rapporteur...) sont autorisés.

- **Lisez l'énoncé intégralement dès la remise du sujet.** Vous aurez un aperçu des notions abordées. N'hésitez pas alors à commencer par un exercice qui vous plaît : cela vous mettra en confiance.

- **Regardez attentivement le barème de chaque exercice :** inutile de perdre beaucoup de temps sur un exercice ne rapportant que 3 points.

Conseil

Avant de commencer un exercice, lisez son énoncé en entier : parfois, la réponse à une question se trouve dans une question suivante !

- Si vous n'arrivez pas à faire une question, ne sautez pas l'exercice pour autant ! Passez aux questions suivantes : vous avez le droit d'utiliser les résutats que vous auriez dû trouver à la question sautée.

mes notes

● Après chaque exercice, faites une pause d'une ou deux minutes avant de vous relire, en essayant d'avoir un œil nouveau. Vous limiterez ainsi les erreurs d'étourderie, très fréquentes.

B Assurer les 5 points de présentation

● **Soignez votre écriture et la présentation des résultats.** Numérotez bien les questions, sautez des lignes, aérez votre copie : elle doit être très lisible. En cas d'erreur sur plusieurs lignes, rayez proprement votre copie.

● **Justifiez vos résultats.** Toutes les étapes de votre raisonnement doivent apparaître, les théorèmes utilisés doivent être cités, et leurs conditions d'application vérifiées.

C Ce qui est attendu par les correcteurs

● **Triez les informations.** Certains exercices peuvent comporter des documents (captures d'écran, brochures touristiques...) qu'il faut exploiter : l'élève doit alors montrer qu'il est capable d'aller chercher la bonne information au milieu d'autres informations parasites.

● **Exposez votre démarche.** Ne vous focalisez pas uniquement sur le résultat : en géométrie ou sur un exercice à prise d'initiative, la méthode employée compte plus que le résultat final et la démarche employée est souvent valorisée, même si elle n'aboutit pas.

● **Prenez du recul sur vos résultats.** Beaucoup d'exercices prenant appui sur des situations de la vie courante, faites donc preuve de bon sens : une personne ne peut pas être âgée de 352 ans, ou mesurer 15,8 m ! Si vous ne voyez pas votre erreur, n'hésitez pas à écrire une phrase pour signaler que vous vous êtes aperçu que quelque chose n'allait pas, mais que vous n'arrivez pas à le corriger.

D Réviser grâce à cet ouvrage

● Tout au long de l'année, ce livre est un complément idéal au cours de votre professeur. Vous y retrouverez toutes les notions que vous travaillez en classe. Les exercices d'applications présentés ici sont assez simples, mais vous permettront de savoir si vous avez compris les notions abordées.

● Quelques semaines avant le Brevet, utilisez cet ouvrage pour vous « rafraîchir la mémoire » et réactiver certains savoir-faire oubliés.

● Enfin, nous vous conseillons de vous entraîner à résoudre des sujets des années précédentes, et à vous référer à ce livre lorsque des difficultés surviennent : chaque fiche a été conçue pour répondre à une question mathématique précise.

MA check-list

pour organiser mes révisions

	FAIT	À FAIRE
Je définis mes objectifs et je les écris	☐	☐
Je fais la liste de mes points forts	☐	☐
Je fais la liste de ce qui me pose problème	☐	☐
Je m'organise et je planifie mes révisions	☐	☐
....	☐	☐
....	☐	☐
....	☐	☐
....	☐	☐
....	☐	☐
....	☐	☐
....	☐	☐
....	☐	☐
....	☐	☐
....	☐	☐

MON tracker de révision

Colorie tes fiches de synthèse quand tu les maîtrises

FICHE 1 | FICHE 2 | FICHE 3 | FICHE 4 | FICHE 5 | FICHE 6

FICHE 7 | FICHE 8 | FICHE 9 | FICHE 10 | FICHE 11 | FICHE 12 | FICHE 13 | FICHE 14

FICHE 15 | FICHE 16 | FICHE 17 | FICHE 18 | FICHE 19 | FICHE 20 | FICHE 21 | FICHE 22

FICHE 23 | FICHE 24 | FICHE 25 | FICHE 26 | FICHE 27 | FICHE 28 | FICHE 29 | FICHE 30

FICHE 31 | FICHE 32 | FICHE 33 | FICHE 34 | FICHE 35 | FICHE 36 | FICHE 37 | FICHE 38

FICHE 39 | FICHE 40 | FICHE 41 | FICHE 42

FICHE 43 | FICHE 44 | FICHE 45

Prêt pour le Brevet !

Calculer avec des fractions

2

Lue Relue Apprise

mes notes

1 L'essentiel du cours

A Les opérations élémentaires

- **Opérations prioritaires :** Dans un calcul, on commence toujours par les parenthèses les plus intérieures (s'il y en a), puis par les multiplications et les divisions. Enfin, on effectue les additions et les soustractions.

- **Simplification d'une fraction** : $\frac{a \times \cancel{k}}{b \times \cancel{k}} = \frac{a}{b}$

- **Addition ou soustraction de fractions** :

$$\frac{a}{b} + \frac{c}{b} = \frac{a+c}{b}$$

On ne peut ajouter (ou soustraire) des fractions que si elles ont le même dénominateur.

Exemple : $\frac{-3}{7} + \frac{1}{14} = \frac{-6}{14} + \frac{1}{14} = \frac{-6+1}{14} = \frac{-5}{14}$

Attention

On est parfois obligé de mettre d'abord les fractions au même dénominateur.

- **Multiplication de fractions** : $\frac{a}{b} \times \frac{c}{d} = \frac{a \times c}{b \times d}$

Il suffit de multiplier les numérateurs entre eux et les dénominateurs entre eux.

Exemple : $\frac{4}{9} \times \frac{21}{6} = \frac{\cancel{2} \times 2 \times \cancel{3} \times 7}{3 \times \cancel{3} \times \cancel{2} \times 3} = \frac{14}{9}$

Conseil

Penser à décomposer les nombres pour faire apparaître les simplifications.

- **Division de fractions** : $\frac{a}{b} \div \frac{c}{d} = \frac{a}{b} \times \frac{d}{c} = \frac{a \times d}{b \times c}$

Exemple : $\frac{12}{5} \div \frac{6}{7} = \frac{12}{5} \times \frac{7}{6} = \frac{2 \times \cancel{6} \times 7}{5 \times \cancel{6}} = \frac{14}{5}$

Aide

Diviser par une fraction, c'est multiplier par son inverse.

B Les cas particuliers

- **Addition d'une fraction et d'un entier** : il faut mettre l'entier sous forme de fraction.

Exemple : $3 + \frac{-4}{5} = \frac{3}{1} + \frac{-4}{5} = \frac{15}{5} + \frac{-4}{5} = \frac{11}{5}$

- **Multiplication d'une fraction et d'un entier** : on multiplie seulement le numérateur.

Exemple : $6 \times \frac{5}{7} = \frac{6 \times 5}{7} = \frac{30}{7}$

Attention

Une erreur fréquente est de multiplier le numérateur et le dénominateur : ceci est faux car la valeur de la fraction reste la même : $\frac{1}{2} = \frac{3}{6}$

mes notes

À RETENIR

2 Application

EXO Calculer $A = \frac{4}{5} + \frac{28}{5} \times \frac{10}{21}$

Solution

$$A = \frac{4}{5} + \frac{28}{5} \times \frac{10}{21}$$

$$= \frac{4}{5} + \frac{28 \times 10}{5 \times 21}$$

Observer les différentes opérations qui composent le calcul : pas de parenthèses, mais une addition et une multiplication.
Commencer donc par la multiplication.

$$= \frac{4}{5} + \frac{4 \times \cancel{7} \times 2 \times \cancel{5}}{\cancel{5} \times 3 \times \cancel{7}}$$

Penser à décomposer les produits pour faire apparaître les simplifications.

$$= \frac{4}{5} + \frac{8}{3}$$

$$= \frac{4 \times 3}{5 \times 3} + \frac{8 \times 5}{3 \times 5}$$

Mettre ces deux fractions au même dénominateur avant de les ajouter.

$$= \frac{12}{15} + \frac{40}{15} = \boxed{\frac{52}{15}}$$

S'assurer que la fraction finale est présentée sous forme irréductible.

Mémo'Quiz

1. Les fractions $\frac{2}{3}$ et $\frac{14}{21}$ sont égales. ❑ Vrai ❑ Faux
2. Pour multiplier deux fractions, elles doivent avoir le même dénominateur. ❑ Vrai ❑ Faux
3. L'expression $\frac{-4}{3} \times \frac{5}{8}$ est égale à $\frac{-5}{6}$ ❑ Vrai ❑ Faux
4. L'expression $6 + \frac{1}{7}$ est égale à 1. ❑ Vrai ❑ Faux
5. Le double de la fraction $\frac{3}{5}$ est égal à $\frac{6}{10}$ ❑ Vrai ❑ Faux

➜ corrigés p. 95

Calculer avec des puissances

3

Lue Relue Apprise

mes notes

1 L'essentiel du cours

A Puissance d'un nombre

Dans toute la suite, a est un nombre différent de 0 et n et p des nombres entiers positifs.

Définitions : • $a^n = \underbrace{a \times a \times \ldots \times a}_{n \text{ fois le nombre } a}$ • $a^0 = 1$

Vocabulaire

a^n se lit « a puissance n ». Le nombre n s'appelle l'exposant.

Exemples : $(-5)^2 = (-5) \times (-5) = 25$
$-5^2 = -5 \times 5 = -25$
$7^0 = 1$

Définition : • $a^{-n} = \dfrac{1}{a^n}$

Exemples : $3^{-2} = \dfrac{1}{3^2} = \dfrac{1}{9}$; $\dfrac{1}{4^{-2}} = 4^{-(-2)} = 4^2 = 16$

Remarque : $a^{-1} = \dfrac{1}{a}$, donc a^{-1} est l'inverse de a.

B Opérations sur les puissances

• **Produit de deux puissances d'un même nombre :**

$$a^n \times a^p = a^{n+p}$$

Exemple : $5^3 \times 5^4 = 5^{3+4} = 5^7$

Attention

Aucune formule identique n'existe pour l'addition ou la soustraction.

• **Quotient de deux puissances d'un même nombre :**

$$\frac{a^n}{a^p} = a^{n-p}$$

Exemple : $\dfrac{2^7}{2^3} = 2^{7-3} = 2^4$

• **Puissance d'une puissance :** $(a^n)^p = a^{n \times p}$

Exemple : $(3^{-2})^4 = 3^{-2 \times 4} = 3^{-8}$

• **Produit de deux nombres de même puissance :**

$$a^n \times b^n = (a \times b)^n$$

Exemple : $2^3 \times 5^3 = (2 \times 5)^3 = 10^3$

Attention

Avant d'appliquer cette formule, bien vérifier que les exposants sont les mêmes.

Remarque : Pour calculer 3^5 avec une calculatrice, on tape [3] [^] [5] ou bien [3] [x^y] [5]

mes notes

2 Applications

EXO 1 **Simplifier l'expression suivante : $A = 2^5 \times 2^{-4} \times 2^3$**

Solution

$A = 2^5 \times 2^{-4} \times 2^3$
$= 2^{5+(-4)+3}$
$= 2^4$

Il n'y a que des puissances de 2 dans le calcul : on applique la formule du produit de puissances.

EXO 2 **Simplifier l'expression suivante : $B = \dfrac{3^5 \times 2^{-3}}{2 \times 3^2}$**

Solution

$B = \dfrac{3^5 \times 2^{-3}}{2 \times 3^2}$

$= \dfrac{3^5 \times 2^{-3}}{2^1 \times 3^2} = \dfrac{3^5}{3^2} \times \dfrac{2^{-3}}{2^1}$

$= 3^{5-2} \times 2^{-3-1}$

$= 3^3 \times 2^{-4}$

- Appliquer la formule du quotient de puissances.
- Ne pas oublier que 2 s'écrit 2^1.
- Plus aucune simplification n'est possible.

EXO 3 **Simplifier l'expression suivante : $C = (7^2)^{-3} \times \dfrac{1}{21}$**

Solution

$C = (7^2)^{-3} \times \dfrac{1}{21}$

$= 7^{2\times(-3)} \times \dfrac{1}{21}$

$= 7^{-6} \times \dfrac{1}{7 \times 3}$

$= 7^{-6} \times 7^{-1} \times 3^{-1}$

$= 7^{-7} \times 3^{-1}$

- Appliquer la formule d'une puissance de puissance.
- Décomposer 21 en 7 × 3.
- Ne pas oublier que $\frac{1}{7} = 7^{-1}$.
- Plus aucune simplification n'est possible.

Mémo'Quiz

1. $\dfrac{1}{4^{-5}}$ est égal à :	❑ -4^5	❑ 4^5	❑ 4^{-4}
2. $3^2 \times 25$ est égal à :	❑ 15^2	❑ 75^2	❑ 9^7
3. $(-1)^{15}$ est égal à :	❑ -15	❑ 1	❑ -1
4. $4^3 + 5^3$ est égal à :	❑ 9^3	❑ 189	❑ 9^6

→ corrigés p. 95

Donner l'écriture scientifique d'un nombre

Lue Relue Apprise

4

mes notes

1 L'essentiel du cours

A Les puissances de 10

Les puissances de 10 permettent d'écrire facilement les très grands nombres, tout comme les très petits nombres.

Exemples : un milliard = 10^9 = 1 000 000 000
un millième = 10^{-3} = 0,001

Puissances d'exposant positif	Puissances d'exposant négatif
$10^0 = 1$	$10^0 = 1$
$10^1 = 10$ → 1 suivi de 1 zéro	$10^{-1} = 0{,}1$ → 1 précédé de 1 zéro
$10^2 = 100$ → 1 suivi de 2 zéros	$10^{-2} = 0{,}01$ → 1 précédé de 2 zéros
....	....
$10^n = 1\underbrace{0\ldots0}_{n \text{ zéros}}$ → 1 suivi de n zéros	$10^{-n} = \underbrace{0{,}0\ldots0}_{n \text{ zéros}}1$ → 1 précédé de n zéros

B Écriture scientifique d'un nombre

Définition : Un nombre est écrit en écriture scientifique s'il est présenté sous la forme : $a \times 10^n$, où :
- a est un nombre décimal compris entre 1 (inclus) et 10 (exclu) ;
- a est éventuellement précédé d'un signe – ;
- n est un nombre entier (positif ou négatif).

Attention
Bien noter que a est inférieur à 10, et qu'il peut être éventuellement précédé d'un signe –.

Exemples : $1{,}5 \times 10^{-4}$ est une écriture scientifique.
$0{,}325 \times 10^7$ n'est pas une écriture scientifique (0,325 n'est pas compris entre 1 et 10).
$-9{,}758 \times 10^8$ est une écriture scientifique.

C Donner l'écriture scientifique d'un nombre

- Écrivons le nombre 0,00653 en écriture scientifique :

1. Le nombre a devant être compris entre 1 et 10, il vaut forcement 6,53.
2. Cherchons donc le nombre n tel que : $0{,}00653 = 6{,}53 \times 10^n$. **Observons de combien de rangs la virgule a été décalée** : le décalage est de 3 rangs vers la droite, donc $n = -3$.
3. On obtient donc $0{,}00653 = 6{,}53 \times 10^{-3}$.

L'astuce du prof
Décalage vers la droite → –
Décalage vers la gauche → +

mes notes

2 Applications

EXO 1 Donner l'écriture scientifique de : $A = 2 \times 10^{-6} \times 6 \times 10^3$

Solution

$A = 2 \times 10^{-6} \times 6 \times 10^3$
$= 12 \times 10^{(-6)+3}$
$= 12 \times 10^{-3}$
$= 1{,}2 \times 10 \times 10^{-3}$
$= 1{,}2 \times 10^{1-3}$
$= 1{,}2 \times 10^{-2}$

- Regrouper les puissances de 10.
- Attention, 12×10^{-3} n'est pas une écriture scientifique, à cause du nombre 12. Il faut donc la transformer en écrivant $12 = 1{,}2 \times 10$.

EXO 2 Donner l'écriture scientifique de : $B = \dfrac{6 \times 10^{-7} \times 15 \times 10^{11}}{8 \times (10^2)^4}$

Solution

$B = \dfrac{6 \times 10^{-7} \times 15 \times 10^{11}}{8 \times (10^2)^4}$

Regrouper les puissances de 10, en utilisant les formules sur les puissances.

$= \dfrac{3 \times \cancel{2} \times 15 \times 10^4}{4 \times \cancel{2} \times 10^8}$

Les décompositions permettent de simplifier les calculs

$= \dfrac{45}{4} \times 10^{4-8}$

$= \dfrac{45}{4} \times 10^{-4}$

$= 11{,}25 \times 10^{-4}$

Ceci n'est pas encore l'écriture scientifique, à cause de 11,25.

$= 1{,}125 \times 10 \times 10^{-4}$
$= 1{,}125 \times 10^{-3}$

Mémo'Quiz

1. $0{,}12 \times 10^4$ n'est pas une écriture scientifique. ❑ Vrai ❑ Faux
2. 3×10^{-4} est un nombre supérieur à 2×10^1. ❑ Vrai ❑ Faux
3. La distance de la Terre au Soleil est environ $1{,}49 \times 10^{-8}$ km. ❑ Vrai ❑ Faux
4. L'écriture scientifique de $0{,}01354 \times 10^{-10}$ est $1{,}354 \times 10^{-8}$ ❑ Vrai ❑ Faux

→ corrigés p. 95

Calculer des racines carrées

5

Lue Relue Apprise

mes notes

1 L'essentiel du cours

A Racine carrée d'un nombre positif

Définition : La racine carrée d'un nombre **positif** a est le seul nombre **positif** dont le carré est a.
Pour tout nombre positif a, on a donc : $(\sqrt{a})^2 = a$

Exemples : $\sqrt{9} = 3$ car 9 est le carré de 3 ($3^2 = 9$).
$\sqrt{144} = 12$ car 144 est le carré de 12 ($12^2 = 144$).
$\sqrt{0} = 0$ car 0 est le carré de 0 ($0^2 = 0$).

Attention
Calculer la racine carrée d'un nombre n'est pas diviser par 2 !

Propriété : Pour tout nombre positif a, on a : $(\sqrt{a})^2 = a$ et $\sqrt{a^2} = a$.

Exemples : $(\sqrt{7})^2 = 7$ et $\sqrt{13^2} = 13$.

Remarque : Pour calculer $\sqrt{5}$ avec une calculatrice, on tape [√] [5].
Pour 5, comme pour la plupart des nombres, la calculatrice ne donne qu'une valeur **approchée**. La calculatrice affiche [2.236067977], qui **n'est pas** la valeur exacte de $\sqrt{5}$. On garde donc bien souvent $\sqrt{5}$ dans le calcul.

B Carrés parfaits

Définition : Les nombres dont la racine carrée est un nombre **entier** sont appelés des **carrés parfaits**.

Exemple : 81 est un carré parfait, car $\sqrt{81} = 9$.

Remarque : Ces carrés parfaits ont donc été appris lors de la découverte des tables de multiplication : ils figurent en jaune sur le tableau ci-contre.
Ils doivent être connus par cœur jusqu'à 144, mais leur liste est bien sûr illimitée.

	1	2	3	4	5	6	7	8	9	10	11	12
1	1	2	3	4	5	6	7	8	9	10	11	12
2	2	4	6	8	10	12	14	16	18	20	22	24
3	3	6	9	12	15	18	21	24	27	30	33	36
4	4	8	12	16	20	24	28	32	36	40	44	48
5	5	10	15	20	25	30	35	40	45	50	55	60
6	6	12	18	24	30	36	42	48	54	60	66	72
7	7	14	21	28	35	42	49	56	63	70	77	84
8	8	16	24	32	40	48	56	64	72	80	88	96
9	9	18	27	36	45	54	63	72	81	90	99	108
10	10	20	30	40	50	60	70	80	90	100	110	120
11	11	22	33	44	55	66	77	88	99	110	121	132
12	12	24	36	48	60	72	84	96	108	120	132	144

mes notes

2 Applications

EXO 1 **1. Calculer mentalement : $\sqrt{36}$, $\sqrt{64}$ et $\sqrt{100}$.**
2. En déduire $A = \sqrt{36} + \sqrt{64}$ et $B = \sqrt{36 + 64}$. A-t-on $A = B$?

Solution

1. $36 = 6^2$, donc $\sqrt{36} = 6$.
$64 = 8^2$, donc $\sqrt{64} = 8$.
$100 = 10^2$, donc $\sqrt{100} = 10$.

2. $A = \sqrt{36} + \sqrt{64}$
$= 6 + 8 = \mathbf{14}$
$B = \sqrt{36 + 64} = \sqrt{100} = \mathbf{10}$
Donc A n'est pas égal à B.

Utiliser la définition de la racine carrée, et se souvenir de la liste des carrés parfaits.

Cet exemple montre qu'on ne peut pas fusionner deux racines carrées additionnées : le résultat est alors différent.

EXO 2 **1. Trouver deux carrés parfaits dont la somme vaut 169.**
2. En déduire qu'il est possible de construire un triangle rectangle d'hyptoténuse 13 dont tous les côtés ont une longueur entière.

Solution

1. Par tests successifs, on trouve que $169 = 25 + 144$.
2. On remarque que $\sqrt{169} = 13$.
L'égalité $169 = 25 + 144$ peut donc aussi s'écrire : $13^2 = 5^2 + 12^2$. D'après le théorème de Pythagore, cela signifie donc qu'un triangle de côtés 5, 12 et 13 est un triangle rectangle.

Raisonner sur le chiffre des unités (qui doit être égal à 9) permet de gagner du temps lors des tests.

Ces trois nombres (5, 12, 13) forment un triplet pythagoricien. Le triplet pythagoricien le plus connu est (3, 4, 5).

Mémo'Quiz

1. $\sqrt{18}$ . . . ❑ $= 9$ ❑ $= 324$ ❑ $\simeq 4{,}2$
2. $\sqrt{-4}$ . . . ❑ $= 2$ ❑ $= -2$ ❑ n'existe pas
3. $-\sqrt{4}$ . . . ❑ $= 2$ ❑ $= -2$ ❑ n'existe pas
4. Un carré d'aire 36 cm^2 a pour coté ❑ 4 cm ❑ 6 cm ❑ 18 cm
5. $\sqrt{81} + \sqrt{144} = \ldots$ ❑ 21 ❑ 15 ❑ $\sqrt{225}$

→ corrigés p. 95

MA carte mentale

Calcul numérique

Les fractions × et ÷

Multiplier et diviser deux fractions

- $\frac{a}{b} \times \frac{c}{d} =$ ....
- $\frac{a}{b} \div \frac{c}{d} =$ ....

Les fractions + et −

Additionner et soustraire deux fractions

- $\frac{a}{b} + \frac{c}{d} =$ ....
- $\frac{a}{b} - \frac{c}{d} =$ ....

Les racines carrées

- $\sqrt{a}$ est ....
....
- Un carré parfait, c'est ....
....

MES exemples

Fractions : addition et soustraction

$\frac{2}{3} + \frac{14}{3} =$ ....

$\frac{5}{7} - \frac{11}{7} =$ ....

$\frac{4}{7} + \frac{9}{2} =$ ....

$\frac{3}{8} - \frac{9}{5} =$ ....

Fractions : multiplication et division

$\frac{4}{7} \times \frac{3}{11} =$ ....

$\frac{4}{7} \div \frac{11}{3} =$ ....

Racine carrée

$\sqrt{25} =$ .... $\sqrt{100} =$ ....

À la calculatrice :

$\sqrt{7} \approx$ .... $\sqrt{200} \approx$ ....

MA carte mentale

Calculs avec des puissances

Puissances de 10

Le cas particulier des puissances de 10

- $10^n = 10 \ldots\ldots 0$ — [........]
- $10^n = 10 \ldots\ldots 0$ — [........]

Puissances

Propriétés

- $a^n = \ldots\ldots$; $a^1 = \ldots\ldots$; $a^0 = \ldots\ldots$
- $a^m \times a^n = \ldots\ldots$; $a^{-n} = \frac{\ldots\ldots}{\ldots\ldots}$
- $(a^m)^n = \ldots\ldots$; $\frac{a^m}{a^n} = \ldots\ldots$
- $a^n \times b^n = \ldots\ldots$

Écriture scientifique

Écriture scientifique d'un nombre

Un nombre est présenté en écriture scientifique lorsqu'il est écrit sous la forme a × 10^n, avec :

- ....
- ....
- ....

MES exemples

Propriétés sur les puissances

$12^4 \times 12^5 =$ ....

$\dfrac{12^4}{12^7} =$ ....

$(8^3)^5 =$ ....

$7^4 \times 7^{-3} =$ ....

$(4^5)^2 \times 4^{-1} =$ ....

$15^{20} \times 2^{20} =$ ....

Puissances de 10

1 000 000 = ...

1 00 000 × 100 = ...

0,0001 = ...

0,01 × 0,001 = ...

Écriture scientifique

143,27 = ...

0,0731 = ...

$2\,534{,}58 \times 10^{-6} =$ ....

À LA CALCULATRICE

Pour vérifier, je peux taper 2534,38 x 10^{-6} et je trouve ....

....

Développer une expression

6

Lue Relue Apprise

mes notes

1 L'essentiel du cours

A Somme ou produit ?

- Une expression littérale est une **somme** si la dernière opération à faire est une addition.
- Une expression littérale est un **produit** si la dernière opération à faire est une multiplication.

Exemples : $4x - 3$ est une somme.
$x(3x + 1)$ est un produit.

Aide
L'ordre des opérations est donné par la règle des **priorités opératoires.**

Définition : Développer un produit, c'est le transformer en somme.
On utilise la distributivité de la multiplication par rapport à l'addition.

B Développement simple

- Pour tous nombres a, b et k :

$$k \times (a + b) = k \times a + k \times b$$

Exemples : $3 \times (x + 2) = 3 \times x + 3 \times 2 = 3x + 6$
$x \times (2x - 5) = x \times 2x + x \times (-5) = 2x^2 - 5x$

Attention
Les nombres a, b et k peuvent être négatifs.

Règle des signes
+ × + = +
+ × − = −
− × + = −
− × − = +

C Développement double

- Pour tous nombres a, b, c et d :

$$(a + b) \times (c + d) = a \times c + a \times d + b \times c + b \times d$$

Attention
Les nombres a, b, c et d peuvent être négatifs.

Remarque : Le symbole × ne s'écrit pas systématiquement devant une parenthèse.

Exemples :

$(x + 2)(3x + 5)$ $= x \times 3x + x \times 5 + 2 \times 3x + 2 \times 5$
$= 3x^2 + 5x + 6x + 10$
$= 3x^2 + 11x + 10$

$(3y - 1)(2y - 3)$ $= 3y \times 2y + 3y \times (-3) + (-1) \times 2y + (-1) \times (-3)$
$= 6y^2 - 9y - 2y + 3$
$= 6y^2 - 11y + 3$

L'astuce du prof
Penser à réduire l'expression en regroupant les termes de même espèce.

mes notes

2 Applications

EXO 1 **Calculer sans calculatrice, en écrivant les étapes : $A = 8 \times 13$**
$B = 19 \times 12$

Solutions

$A = 8 \times (10 + 3)$
$= 8 \times 10 + 8 \times 3$
$= 80 + 24$
$= 104$

$B = (20 - 1) \times 12$
$= 20 \times 12 - 1 \times 12$
$= 240 - 12$
$= 228$

- Commencer par décomposer l'un des nombres en une somme (calcul *A*) ou une différence (calcul *B*) de deux nombres plus « simples ».
- Puis développer, en faisant attention aux signes et au facteur à distribuer qui peut se trouver « à droite » (calcul *B*).
- Procéder ainsi pour calculer mentalement et rapidement.

EXO 2 **Développer et réduire l'expression :**
$C = (5x - 1)(2x + 7) - 3x(x + 4)$

Solution

$C = 5x \times 2x + 5x \times 7 + (-1) \times 2x + (-1) \times 7 + (-3x) \times x + (-3x) \times 4$
$= 10x^2 + 35x - 2x - 7 - 3x^2 - 12x$
$= 10x^2 - 3x^2 + 35x - 2x - 12x - 7$
$= 7x^2 + 21x - 7$

- Repérer qu'il y a **deux** produits dans cette expression, qu'il faut développer séparément.
- Bien remarquer que dans le deuxième produit, c'est $-3x$ qu'il faut distribuer.
- Penser à effectuer d'abord les multiplications.
- Regrouper les termes de même espèce pour réduire l'expression.

Mémo'Quiz

1. $3(x - 5) = \dots$	❑ $3x - 5$	❑ $x - 15$	❑ $3x - 15$
2. $-5(2x - 1) = \dots$	❑ $-10x + 5$	❑ $10x - 1$	❑ $-10x - 5$
3. $(3t + 1)(t - 5) = \dots$	❑ $3t^2 - 5$	❑ $3t^2 - 16t + 5$	❑ $3t^2 - 14t - 5$
4. $(2 - z)(z + 5) = \dots$	❑ $-3z$	❑ $-z^2 + 3z - 10$	❑ $-z^2 - 3z + 10$
5. $(n + 1)(n - 1) - n^2 = \dots$	❑ $2n^2$	❑ -1	❑ $2n$

→ corrigés p. 95

Factoriser une expression

Lue Relue Apprise

7

mes notes

1 L'essentiel du cours

Définition : Factoriser une somme, c'est la transformer en produit.
Pour cela, on utilise la distributivité de la multiplication par rapport à l'addition.

- Pour tous nombres a, b et k :

$$\mathbf{k} \times a + \mathbf{k} \times b = \mathbf{k} \times (a + b)$$

Exemples :

$\mathbf{3} \times 5 + \mathbf{3} \times x = \mathbf{3} \times (5 + x)$
$\mathbf{2} \times y - \mathbf{2} \times 7 = \mathbf{2} \times (y - 7)$

Remarque : Le nombre k est appelé **facteur commun**. On ne peut factoriser que s'il y en a un !

Aide
C'est la même formule que pour développer, mais dans l'autre sens.

Attention
Les nombres k, a et b peuvent être négatifs.

Conseil
Il faut commencer par le repérer, ou le faire apparaître.

2 Applications

EXO 1 **Calculer sans calculatrice : $A = 13 \times 7 + 13 \times 3$ et $B = 15 \times 14 - 15 \times 2 + 8 \times 15$**

Solutions

$A = \mathbf{13} \times 7 + \mathbf{13} \times 3$
$= \mathbf{13} \times (7 + 3)$
$= 13 \times 10 = 130$

$B = \mathbf{15} \times 14 - \mathbf{15} \times 2 + 8 \times \mathbf{15}$
$= \mathbf{15} \times (14 - 2 + 8)$
$= 15 \times 20 = 300$

- Repérer le facteur commun.
- Utiliser la formule, en plaçant le facteur commun en multiplication devant la parenthèse.
- Regrouper les facteurs restants entre parenthèses en faisant attention aux signes, puis calculer.

EXO 2 **Factoriser les expressions : $C = 3x - 15$ et $D = -2x^2 + 5x$**

Solutions

$C = 3x - 15$
$= \mathbf{3} \times x - \mathbf{3} \times 5$
$= \mathbf{3} \times (x - 5)$

$D = -2x^2 + 5x$
$= -2 \times \boldsymbol{x} \times x + 5 \times \boldsymbol{x}$
$= \boldsymbol{x} \times (-2x + 5)$

- Commencer par décomposer les produits pour faire apparaître un facteur commun.
- Puis utiliser la formule.
- Bien faire attention aux signes.

mes notes

EXO 3 Factoriser l'expression : $E = 3x(x+1) - (2x-5)(x+1)$

Solution

$$\begin{aligned} E &= 3x(x+1) - (2x-5)(x+1) \\ &= (x+1) \times (3x - (2x-5)) \\ &= (x+1) \times (3x - 2x + 5) \\ &= (x+1)(x+5) \end{aligned}$$

- Observer que le facteur commun peut être parfois une expression entre parenthèses plus complexe.
- Bien faire attention aux signes lors de la réduction.

EXO 4 **Carrés**
Factoriser l'expression : $F = (2x-1)^2 + (x-4)(2x-1)$

Solution

$$\begin{aligned} F &= (2x-1)^2 + (x-4)(2x-1) \\ &= (2x-1)(2x-1) + (x-4)(2x-1) \\ &= (2x-1)((2x-1) + (x-4)) \\ &= (2x-1)(2x-1+x-4) \\ &= (2x-1)(3x-5) \end{aligned}$$

- Commencer par décomposer le carré comme le produit de l'expression entre parenthèses par elle-même.
- Repérer ensuite le facteur commun, puis factoriser.

EXO 5 **Le coup du 1 !**
Factoriser les expressions : $G = x^2 + x$ et $H = (4x-1)(x+6) - (4x-1)$

Solution

$$\begin{aligned} G &= x^2 + x \\ &= x \times x + x \times \mathbf{1} \\ &= x \times (x+1) \end{aligned}$$

$$\begin{aligned} H &= (4x-1)(x+6) - (4x-1) \\ &= (4x-1)(x+6) - (4x-1) \times \mathbf{1} \\ &= (4x-1)((x+6) - 1) \\ &= (4x-1)(x+6-1) \\ &= (4x-1)(x+5) \end{aligned}$$

Ne pas oublier ce × **1** lorsque la totalité d'un des termes est le facteur commun !

Mémo'Quiz

1. $27 + 9x = 9(3 + x)$ ❑ Vrai ❑ Faux
2. $-3x - 21 = -3(x - 7)$ ❑ Vrai ❑ Faux
3. $x^3 + 2x^2 - 3x = x(x^2 + 2x - 3)$ ❑ Vrai ❑ Faux
4. $(x+2)(3-x) + (x+2)(2x-4) = (x+2)(x-1)$ ❑ Vrai ❑ Faux
5. $(3x-5)^2 + (3x-5)(2x+7) = (3x-5)(2x+7)$ ❑ Vrai ❑ Faux

➜ corrigés p. 95

Valider ou réfuter une affirmation

8

Lue Relue Apprise

mes notes

1 L'essentiel du cours

A Qu'est-ce qu'une affirmation ?

Définition : En mathématiques, une affirmation (ou une proposition) est une phrase qui est soit vraie, soit fausse.

Exemples :

- Affirmation A : « Pour tout nombre x, $(x - 1)(x + 1) = x^2 - 1$. »
Cette affirmation est vraie.
En effet, $(x - 1)(x + 1) = x^2 + x - x - 1 = x^2 - 1$

- Affirmation B : « Les diagonales d'un rectangle sont perpendiculaires. »
Cette affirmation est fausse, comme le prouve la figure ci-contre :

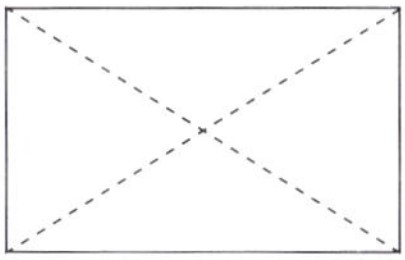

B Les méthodes pour décider

• Trouver un contre-exemple

Un contre-exemple est un exemple qui contredit l'affirmation : à lui seul, il permet de conclure que celle-ci est fausse.

Exemple : Le rectangle dessiné ci-dessus est un contre-exemple de l'affirmation B, car ses diagonales ne sont pas perpendiculaires.

Attention
Un contre-exemple prouve qu'une affirmation est fausse.
Un exemple ne prouve rien.

• Utiliser le calcul littéral

Beaucoup d'affirmations à valider ou réfuter sont des égalités entre deux expressions.

Exemple :

L'affirmation « si $x \neq 1$, $1 + x + x^2 = \dfrac{1 - x^3}{1 - x}$ » est-elle vraie ?

Une erreur très classique est de tester l'égalité avec une (ou plusieurs) valeurs de x pour constater que cela « marche ». Cela ne prouve rien, car l'égalité doit être vraie pour TOUTES les valeurs possibles de x. À moins d'avoir la chance de tomber sur un contre-exemple !

Pour prouver que l'affirmation est vraie, il faut utiliser le calcul littéral :
$(1 - x)(1 + x + x^2) = 1 + x + x^2 - x - x^2 - x^3 = 1 - x^3$.
Si $x \neq 1$, il est possible de diviser par $1 - x$, donc $1 + x + x^2 = \dfrac{1 - x^3}{1 - x}$.
L'affirmation est donc vraie.

mes notes

2 Applications

EXO 1 **Valentine affirme : « La somme de trois nombres consécutifs est un multiple de 3. » A-t-elle raison ou tort ?**

Solution

Utilisons le calcul littéral. Si on appelle n le premier nombre, les deux suivants peuvent s'écrire $n + 1$ et $n + 2$.
La somme de trois nombres consécutifs s'écrit donc $n + n + 1 + n + 2$.
Or $n + n + 1 + n + 2 = 3n + 3 = 3n + 3$
$= 3(n + 1)$.
Donc Valentine a raison, la somme de trois nombres consécutifs est bien un multiple de 3.

> Une erreur classique est d'utiliser 3 inconnues (par exemple, x, y, et z). Une seule est nécessaire, car les deux autres s'expriment à partir de la première.

> Penser à la factorisation par 3.

> Toujours écrire une phrase de conclusion.

EXO 2 **Martin affirme : « Un nombre est toujours plus petit que son carré. » A-t-il raison ou tort ?**

Solution

Prenons le nombre 0,5. Le carré de 0,5 vaut 0,25, donc $0{,}5 > 0{,}5^2$.
Le nombre 0,5 est donc un contre-exemple à l'affirmation de Martin : celle-ci est donc fausse.

> Au début de la recherche, il faut tester l'affirmation avec quelques valeurs. Si on a la chance de trouver un contre-exemple, ne pas aller plus loin : l'affirmation est forcément fausse. Même si l'affirmation est vraie pour beaucoup de nombres (tous les nombres supérieurs à 1), on peut la déclarer fausse, car elle contient le mot « toujours ». Un seul nombre la rendant fausse nous suffit pour conclure.

Mémo'Quiz

1. La somme de deux nombres pairs est un nombre pair. ❑ Vrai ❑ Faux
2. Un triangle équilatéral est aussi isocèle. ❑ Vrai ❑ Faux
3. Un triangle isocèle est aussi équilatéral. ❑ Vrai ❑ Faux
4. Pour tout nombre x, $(2x + 1)^2 - 4x = 4x^2 - 1$ ❑ Vrai ❑ Faux
5. Pour tout nombre $x \neq -1$, $\frac{x^2 - 1}{x + 1} = x - 1$ ❑ Vrai ❑ Faux

→ corrigés p. 95

MA carte mentale

Factoriser une expression

- $k \times a + k \times b =$ ....
- $k \times a - k \times b =$ ....

Développer une expression

- $k \times (a + b) =$ ....
- $k \times (a - b) =$ ....
- $(a + b)(c + d) =$ ....

Factorisation

Développement

Calcul littéral

Identités remarquables

Identités remarquables

- .... = ...
- .... = ...
- .... = ...

Formes factorisées

Formes développées

MES exemples

Développer une expression

$3(x + 4) =$ ……………………………… $-7(x - 2) =$ ………………………………

$(2x + 3)(1 + 4x) =$ ………………………………

Développer une identité remarquable

$(3x - 4)^2 =$ ………………………………

$(4x + 5)^2 =$ ………………………………

$(2x - 3)(2x + 3) =$ ………………………………

Factoriser une expression

$8x - 24 =$ ………………………………

………………………………

$(7x + 1)(x + 3) + 4(7x + 1) =$ ………………………………

………………………………

$4x^2 - 9 + (2x + 3)(x - 7) =$ ………………………………

………………………………

Le coup de l'identité remarquable

$(7 + 4x) + (x - 8)(7 + 4x) =$ ………………………………

………………………………

Le coup du 1

MON récap'

Règle 1 de priorité pour mener un calcul

Dans un calcul sans parenthèses, j'effectue d'abord

....

....

....

Exemples :

- $7 - 4 \times 3 =$ ....
- $10 \times 5{,}5 - 4 \times 3 + 2^3 =$ ....

Règle 2 de priorité pour mener un calcul

Dans un calcul avec parenthèses, j'effectue d'abord

....

....

....

Exemples :

- $4 \times (5 - 2) + 8 - (4 + 10) =$ ....
- $(2 - 5^2) \times 10 + 3 =$ ....
- $(3x + 4^2) \times 5 - (4 + 2^2) \times x =$ ....

MA méthode

Valider ou réfuter une information

Lorsqu'un énoncé me demande de vérifier si une affirmation est vraie ou fausse...

- Si l'affirmation est fausse, il me suffit de ....

....

....

Exemple :

L'affirmation suivante « Pour tout nombre x, $x^2 - x^3 = -x$ » est-elle vraie ?

Cette affirmation est fausse car ....

....

....

- Si l'affirmation est vraie, je dois ....

....

....

Exemple :

L'affirmation suivante « $a^2 - b^2 + (a + b)^2 = 2a\,(a + b)$ » est-elle vraie ?

Cette affirmation est vraie car ....

....

....

Division euclidienne. Multiples et diviseurs

☐ Lue ☐ Relue ☐ Apprise

9

mes notes

1 L'essentiel du cours

A Division euclidienne

Voici la division avec quotient et reste **entiers** de 2 016 par 15. On dit alors : « Dans 2 016, il y a 134 fois 15 et il reste 6 ». Ce qui s'écrit en ligne sous la forme :
2 016 = 15 × 134 + 6. On appelle cette écriture la **division euclidienne** de 2 016 par 15.

2 016	15
51	134
66	
6	

Définition : Pour tous entiers a et b, il existe deux entiers q et r tels que :

$$a = b \times q + r \quad \text{et} \quad 0 \leq r < b$$

Vocabulaire
a est le **dividende** et b est le **diviseur**.

Remarque : On peut aussi écrire 2 016 = 15 × 133 + 21, mais ce n'est pas la division euclidienne de 2 016 par 15 car le reste 21 est plus grand que le diviseur 15. Le nombre 133 n'est donc pas le plus grand nombre de fois que 2 016 contient 15.

B Multiples et diviseurs

Dans la division de 2 016 par 15, il y a un reste non nul. Cela signifie que 2 016 n'est pas un multiple de 15.
Mais dans celle de 2 016 par 16, le reste est nul et 2 016 = 16 × 126. 2 016 est donc un multiple de 16 (et aussi de 126). On dit également que 16 est un diviseur de 2 016, ou bien que 2 016 est divisible par 16.

Définition : Pour tous entiers a et b, s'il existe un entier q tel que $a = b \times q$, alors on dit que :
- a est un **multiple** de b ;
- a est **divisible** par b ;
- b est un **diviseur** de a ;
- b **divise** a.

Exemples :

- 16 divise 2 016 mais 15 ne divise pas 2 016.
- 2 016 = 14 × 144 donc 2 016 est divisible par 14. Et 7 divise 14, donc 7 est un diviseur de 2 016.

Donner les multiples d'un nombre (par exemple 7) est simple : il suffit d'écrire sa « table » : 0 ; 7 ; 14 ; 21 ; 28 ; 35 ; . . .
Il est en revanche souvent plus compliqué de trouver tous les diviseurs d'un nombre : si certains en ont peu, d'autres en ont beaucoup.

mes notes

Méthode pour obtenir les diviseurs d'un nombre *n* :
- *n* est toujours divisible par *n* et par lui-même ;
- on teste successivement si *n* est divisible par tous les nombres entiers, dans l'ordre croissant ;
- on trouve les diviseurs par **paires** (par exemple 16 et 126 pour 2 016) ;
- on s'arrête dès qu'on arrive à un diviseur déjà trouvé.

L'astuce du prof

Penser aux critères de divisibilité par 2, 3, 5 ou 9 pour chercher des diviseurs.

2 Applications

EXO Déterminer la liste des diviseurs de 70.

Solution

- 70 est divisible par 1 et 70 ;
- 70 est pair, donc divisible par 2. Comme $70 = 2 \times 35$, 35 est un diviseur de 70 ;
- 3 ne divise pas 70, puisque $70 = 3 \times 23 + 1$;
- 4 ne divise pas 70, puisque 35 est impair ;
- $70 = 5 \times 14$, donc 5 et 14 sont des diviseurs de 70 ;
- 3 ne divise pas 70, donc 6 non plus ;
- $70 = 7 \times 10$, donc 7 et 10 sont des diviseurs de 70 ;
- Entre 7 et 10, il ne reste plus qu'à tester 8 et 9, qui ne sont pas des diviseurs de 70, car 4 et 3 ne le sont pas.

Conclusion : Les diviseurs de 70 sont donc : 1, 2, 5, 7, 10, 14, 35, 70.

Si un nombre n'est pas un diviseur, alors ses multiples ne le sont pas non plus. Par exemple, pour un nombre impair, il est inutile de tester les nombres pairs comme diviseurs.

Mémo'Quiz

1. $67 = 12 \times 5 + 7$ est la division euclidienne de 67 par 5. ❑ Vrai ❑ Faux
2. $67 = 12 \times 5 + 7$ est la division euclidienne de 67 par 12. ❑ Vrai ❑ Faux
3. 90 est un multiple de 15. ❑ Vrai ❑ Faux
4. 75 est un diviseur de 25. ❑ Vrai ❑ Faux
5. 36 est divisible par 8. ❑ Vrai ❑ Faux
6. 11 divise 132. ❑ Vrai ❑ Faux

➜ corrigés p. 95

Connaître et utiliser les nombres premiers

10

Lue Relue Apprise

mes notes

1 L'essentiel du cours

A Qu'est-ce qu'un nombre premier ?

Définition : Un nombre premier est un nombre entier qui n'a que deux diviseurs : 1 et lui-même.

Exemples :

- 6 n'est pas un nombre premier car il a 4 diviseurs : 1, 2, 3 et 6.
- 7 est un nombre premier car il a 2 diviseurs : 1 et 7.

Attention

1 n'est pas un nombre premier car il n'a qu'un seul diviseur : lui-même.

B Décomposition en facteurs premiers

Propriété : Tout nombre entier (supérieur ou égal à 2) peut se décomposer en un produit de nombres premiers.

Exemples : $140 = 2 \times 70 = 2 \times 2 \times 35 = 2 \times 2 \times 5 \times 7$

Cette décomposition s'écrit finalement $140 = 2^2 \times 5 \times 7$.

Vocabulaire

Les nombres premiers de la décomposition sont appelés des facteurs premiers.

Méthode : La décomposition se fait petit à petit, jusqu'à ce que plus aucun nombre ne soit décomposable. Ensuite, on regroupe les facteurs égaux sous forme de puissances, et on les classe par ordre croissant.

C Application à la simplification de fractions

Propriété-Définition : Toute fraction peut s'écrire sous forme irréductible, lorsque le dénominateur et le numérateur n'ont plus aucun diviseur commun autre que 1.

Exemples : Trouvons l'écriture irréductible de $\frac{124}{80}$:

$$\frac{124}{80} = \frac{2 \times 2 \times 31}{2 \times 2 \times 2 \times 2 \times 5} = \frac{\cancel{2} \times \cancel{2} \times 31}{\cancel{2} \times \cancel{2} \times 2 \times 2 \times 5} = \frac{31}{20}$$

Remarque

Avoir effectué la décomposition en facteurs premiers assure que plus aucune simplification n'est possible.

2 Applications

EXO 1 **1. Décomposer en facteurs premiers les nombres 105 et 825.**

2. En déduire l'écriture sous forme irréductible de la fraction $\frac{105}{825}$.

Solution

Penser à vérifier (à la calculatrice) l'égalité de ces deux fractions.

mes notes

1. $105 = 3 \times 5 \times 7$
$825 = 3 \times 5^2 \times 11$

2. $\frac{105}{825} = \frac{\cancel{3} \times \cancel{5} \times 7}{\cancel{3} \times \cancel{5} \times 5 \times 11} = \frac{7}{55}$

EXO 2 **Deux satellites en orbite autour de la Terre apparaissent aujourd'hui parfaitement alignés dans mon téléscope. Sachant que ces deux satellites ont une période de révolution respective de 150 jours et de 350 jours, dans combien de temps ce phénomène se produira-t-il à nouveau pour la première fois ?**

Solution

Il s'agit de trouver le plus petit nombre qui soit à la fois un multiple de 150 et de 350.

> Si nécessaire, modéliser la situation par un dessin.

Décomposition en facteurs premiers de ces deux nombres :
$150 = 2 \times 3 \times 5^2$
$350 = 2 \times 5^2 \times 7$

> La décomposition s'obtient petit à petit. Ici n'est présentée que la décomposition finale.

Le plus petit multiple commun est donc $2 \times 3 \times 5^2 \times 7$, soit 1050.

> Bien observer quels sont les facteurs communs, et ceux qui ne le sont pas. Ici, 7 est le seul facteur de 350 que 150 ne possède pas. Donc on multiplie 150 par 7.

Vérifions : $1050 = 150 \times 7$
et $1050 = 350 \times 3$

> Vérifier que le nombre trouvé est bien un multiple commun.

Ceci signifie que cet alignement se reproduira pour la première fois dans 1050 jours. Un des satellites aura fait 7 tours entiers, l'autre en aura fait 3.

Mémo'Quiz

1. La fraction irréductible égale à $\frac{75}{350}$ est : ❑ $\frac{25}{35}$ ❑ $\frac{15}{14}$ ❑ $\frac{3}{14}$
2. La décomposition en facteurs premiers de 990 est :
   ❑ $2 \times 5 \times 9 \times 11$ ❑ $2 \times 3^2 \times 5 \times 11$ ❑ $2^2 \times 3 \times 5 \times 11$
3. Trouver le nombre premier : ❑ 91 ❑ 101 ❑ 111
4. 60 est un multiple commun de : ❑ 30 et 25 ❑ 12 et 14 ❑ 12 et 15
5. Un diviseur de $3^3 \times 5 \times 11$ est : ❑ $3^3 \times 7$ ❑ $5^2 \times 11$ ❑ $3^2 \times 11$

→ corrigés p. 95

MON récap'

Division euclidienne de *a* par *b*

$a \quad = \quad b \quad \times \quad q \quad + \quad r$

colle ton sticker | colle ton sticker | colle ton sticker | colle ton sticker

avec colle ton sticker

- Schéma de la division euclidienne : …… | ……, …… ; ……

Multiple et diviseur

On sait que $a = b \times q$
On peut dire que :

- *a* est un colle ton sticker de *b*
- *a* colle ton sticker *b*
- *b* est un colle ton sticker de *a*
- *b* colle ton sticker *a*

MES exemples

Division euclidienne

Division euclidienne de 128 par 11 :

....

....

....

MES CALCULS

....

....

....

Division euclidienne de 2402 par 53 :

....

....

....

MES CALCULS

....

....

....

Multiple

Les dix premiers multiples de 7 sont :

....

....

....

MES CALCULS

....

....

....

Diviseur

Les diviseurs de 54 sont :

....

....

....

MES CALCULS

....

....

....

MON récap'

Nombre premier

- Un nombre premier est ....

....

Par exemple, ... est un nombre premier et .... n'est pas un nombre premier.

- Les nombres premiers inférieurs ou égaux à 30 sont :

1	2	3	4	5	6	7	8	9	10
11	12	13	14	15	16	17	18	19	20
21	22	23	24	25	26	27	28	29	30

Décomposition d'un nombre en produit de facteurs premiers

588	2
294	2
147	3
49	7
7	7
1	

Je commence avec le plus petit diviseur premier de 588

Je n'écris que des diviseurs qui sont des nombres premiers

Je termine avec 1

Ainsi, 588 = ...

MES exemples

Décomposition en produit de facteurs premiers

- de 1 000

1 000	....
....	....
....	....
....	....
....	....
....	....
....	

Ainsi, 1 000 = ...

- de 1 630

630	....
....	....
....	....
....	....
....	....
....	

Ainsi, 630 = ...

Simplification d'une fraction

Pour simplifier une fraction, je dois ....

....

....

....

Exemple :

$$\frac{1\,000}{630} = \frac{\dots\dots\dots\dots\dots\dots\dots\dots}{\dots\dots\dots\dots\dots\dots\dots\dots} = \frac{\dots\dots}{\dots\dots}$$

Résoudre une équation à une inconnue

11

Lue Relue Apprise

mes notes

1 L'essentiel du cours

A Solution d'une équation

Définition : Une équation est une égalité dans laquelle intervient un nombre inconnu, désigné par une lettre (qui sera souvent la lettre x). On dit qu'un nombre est solution d'une équation si l'égalité obtenue en remplaçant x par ce nombre est une égalité vraie.

Exemples : Le nombre 4 n'est pas solution de l'équation $2x + 3 = 10$, car l'égalité $2 \times 4 + 3 = 10$ est fausse.
Le nombre 5 est solution de l'équation $18 - x = 13$. En effet, l'égalité $18 - 5 = 13$ est vraie.

B Résoudre une équation

Définition : Résoudre une équation, c'est trouver **toutes** les valeurs de x qui rendent l'égalité vraie.

Exemple : Le nombre 3 est solution de l'équation $x^2 = 9$. Mais ce n'est pas le seul nombre solution : le nombre -3 l'est aussi, car $(-3)^2 = 9$. Résoudre l'équation $x^2 = 9$, c'est dire que les solutions sont 3 et -3.

C Techniques de résolution d'une équation

Propriété : Une égalité reste vraie lorsqu'on effectue la **même opération** des deux côtés du signe =.

Cette propriété est utile pour transformer l'équation à résoudre en une égalité de la forme $x = \ldots$
On a ainsi résolu l'équation.

Exemple : $x + 3 = 8$
$x + 3 - \mathbf{3} = 8 - \mathbf{3}$ (on enlève 3 de chaque côté)
$x = 5$

La solution de l'équation $x + 3 = 8$ est 5.

Remarque
On utilise souvent l'image d'une balance en équilibre : pour qu'elle reste en équilibre, il faut rajouter ou enlever la même quantité de chaque côté.

Méthode : Pour résoudre une équation, il faut :
- développer (si nécessaire) les expressions
- regrouper tous les termes en x du même côté du signe =
- terminer en écrivant $x = \ldots$

Chaque transformation d'une ligne à l'autre ne peut se faire qu'en effectuant la même opération (+, −, × ou ÷) de chaque côté du signe =.

Attention
Ne jamais se dire « je fais passer le +2 de l'autre côté » mais plutôt « j'effectue l'opération −2 de chaque côté ».

mes notes

2 Applications

EXO 1 Résoudre l'équation : $3x - (1 - 2x) = -5$

Solution

$$\begin{aligned} 3x - (1 - 2x) &= -5 \\ 3x - 1 + 2x &= -5 \\ 5x - 1 &= -5 \\ 5x - 1 + 1 &= -5 + 1 \\ 5x &= -4 \\ \frac{5x}{5} &= \frac{-4}{5} \\ x &= \frac{-4}{5} \end{aligned}$$

L'équation a pour solution $x = \frac{-4}{5}$.

> On enlève la parenthèse, en changeant les signes à l'intérieur.

> On se débarrasse du −1 en effectuant l'opération +1 de chaque côté.

> $5x$ signifie $5 \times x$. Pour se débarrasser du 5, il faut effectuer une division par 5.

> On conclut en écrivant une phrase.

EXO 2 Résoudre l'équation : $2(x + 3) = -4x + 24$

Solution

$$\begin{aligned} 2(x + 3) &= -4x + 24 \\ 2x + 6 &= -4x + 24 \\ 2x + 6 + 4x &= -4x + 24 + 4x \\ 6x + 6 &= 24 \\ 6x + 6 - 6 &= 24 - 6 \\ 6x &= 18 \\ \frac{6x}{6} &= \frac{18}{6} \\ x &= 3 \end{aligned}$$

L'équation a pour solution $x = 3$.

> On développe l'expression de gauche.
> On décide de regrouper les x à gauche. Pour se débarrasser du $-4x$ à droite, on effectue donc l'opération $+4x$ des deux côtés.

> L'opération −6 permet d'isoler x.
> $6x$ signifie $6 \times x$. Pour se débarrasser du 6, il faut effectuer une division par 6.

> On conclut en écrivant une phrase.

Mémo'Quiz

1. L'équation $3x - 5 = 7$ a pour solution : ❑ 4 ❑ $\frac{2}{3}$ ❑ 3

2. L'équation $x^2 = 25$ a pour solution(s) :
❑ uniquement 5 ❑ uniquement −5 ❑ 5 et −5

3. L'équation $\frac{3x+1}{2} = 7$ a pour solution :
❑ $\frac{13}{3}$ ❑ $\frac{13}{2}$ ❑ 5

→ corrigés p. 95

Résoudre une équation produit nul

12

Lue Relue Apprise

mes notes

1 L'essentiel du cours

A Équation produit nul

Définition : On appelle « équation produit nul » une équation du type

$$(ax + b)(cx + d) = 0$$

où a, b, c et d sont des nombres relatifs.

Exemples : L'équation $(1 - x)(4x + 2) = 0$ est une équation produit nul.
Les équations $(1 + 5x) + (3 - x) = 0$ et $(x + 7)(4 - 2x) = 3$ ne sont pas des équations produit nul.

Attention

Le membre de gauche doit être un produit et le membre de droite doit être égal à 0.

B Propriété de la multiplication

Propriété : Si un produit est égal à 0, alors au moins un des facteurs du produit est égal à 0.

Exemple : Considérons 2 nombres A et B. Si $A \times B = 0$, alors forcément $A = 0$, ou bien $B = 0$, ou bien $A = B = 0$.

C Résolution d'une équation produit nul

Une équation produit nul se résout donc en séparant l'équation en deux : chaque facteur du produit donne naissance à une nouvelle équation.

Exemple : $(4 + 3x)(2 - x) = 0$

$4 + 3x = 0$ ou $2 - x = 0$

$3x = -4$ ou $2 = x$

$x = \frac{-4}{3}$ ou $x = 2$

Les deux solutions de l'équation $(4 + 3x)(2 - x) = 0$ sont donc $\frac{-4}{3}$ et 2.

Conseil

Ne pas développer le produit : cela donnerait une nouvelle équation insoluble avec les connaissances du collège.

D Cas particuliers

- **Produit de 3 facteurs**

Le raisonnement précédent reste valable si le produit est constitué de 3 facteurs (ou plus) : l'équation $(1 - x)(x - 4)(3 + x) = 0$ admet 3 solutions, qui sont 1, 4 et -3.

- **Problèmes de factorisation**

Certaines équations nécessitent d'être factorisées pour devenir des équations produit nul : voir le 2e exercice d'application.

mes notes

2 Applications

EXO 1 Résoudre l'équation : $(3x + 2)(1 - 2x) = 0$

Solution

$(3x + 2)(1 - 2x) = 0$

donc $3x + 2 = 0$ ou $1 - 2x = 0$

donc $3x = -2$ ou $1 = 2x$

donc $x = \frac{-2}{3}$ ou $\frac{1}{2} = x$

L'équation a pour solutions $\frac{-2}{3}$ et $\frac{1}{2}$.

- On sépare tout de suite l'équation produit nul en 2 équations, qu'on va résoudre simultanément.
- Les deux valeurs trouvées sont des solutions possibles pour x : il faut impérativement donner ces deux solutions.

EXO 2 Résoudre l'équation : $(4 + x)(2 - x) - 7(2 - x) = 0$

Solution

$(4 + x)(2 - x) - 7(2 - x) = 0$

$(2 - x)(4 + x - 7) = 0$

$(2 - x)(x - 3) = 0$

donc $2 - x = 0$ ou $x - 3 = 0$

donc $2 = x$ ou $x = 3$

L'équation a pour solutions 2 et 3.

- L'expression de gauche n'est pas factorisée : ce n'est pas une équation produit nul. Mais une factorisation par $(2 - x)$ est possible.
- On peut maintenant séparer l'équation produit nul en deux équations.

On peut vérifier que 2 et 3 sont solutions en remplaçant x par 2 puis par 3 dans l'équation de départ.

Mémo'Quiz

1. L'équation $(-4x + 1)(2x + 3) = 0$ a pour solutions $\frac{1}{4}$ et $\frac{3}{2}$. ❑ Vrai ❑ Faux
2. L'équation $3(x + 2) - (x + 2)(5 - x) = 0$ peut se transformer en équation produit nul. ❑ Vrai ❑ Faux
3. Les solutions de l'équation $3(x + 2) - (x + 2)(5 - x) = 0$ sont 2 et −2. ❑ Vrai ❑ Faux
4. L'équation $(4 - 3x)(2 + x)(4 - 3x) = 0$ a 3 solutions différentes. ❑ Vrai ❑ Faux

→ corrigés p. 95

Résoudre une inéquation

Lue Relue Apprise

13

mes notes

1 L'essentiel du cours

A Résolution d'une inéquation

Résoudre une inéquation, c'est trouver **toutes** les valeurs de x qui sont solutions de cette inéquation.

Exemple : Les solutions de l'inéquation $x + 3 > 5$ sont tous les nombres x supérieurs à 2.

Méthode : pour résoudre une inéquation, il faut transformer étape par étape l'inégalité (par des opérations effectuées des deux côtés du signe $>$ ou $<$) pour arriver à une inégalité du type $x < \dots$ ou $x > \dots$

Exemple : Résolvons

$$\begin{aligned} 2x + 5 &< 11 \\ 2x + 5 - 5 &< 11 - 5 \\ 2x &< 6 \\ 2x \div 2 &< 6 \div 2 \\ x &< 3 \end{aligned}$$

Les solutions de l'inéquation $2x + 5 < 11$ sont donc les nombres x inférieurs à 3.

Propriété : Lorsqu'on **multiplie** ou **divise** par un nombre **négatif**, on doit changer **le sens** de l'inégalité.

Exemple :

$$\begin{aligned} -4x &\geqslant 12 \\ -4x \div (-4) &\leqslant 12 \div (-4) \\ x &\leqslant -3 \end{aligned}$$

Attention

Contrairement à une équation, il y a dans une inéquation une infinité de solutions.

Symboles

$<$: inférieur
$\leqslant$: inférieur ou égal
$>$: supérieur
$\geqslant$: supérieur ou égal

Attention

Oublier de changer le sens de l'inégalité est l'erreur la plus courante dans les résolutions d'inéquations.

B Représentation des solutions d'une inéquation

On visualise les solutions d'une inéquation en les représentant (souvent en les hachurant) sur un axe gradué.

Pour indiquer si la valeur limite est acceptée ou refusée dans les solutions, on la marque par un crochet qui :

- est tourné **vers** les solutions hachurées si la valeur limite est acceptée.
- « tourne le **dos** » aux solutions hachurées si la valeur limite est refusée.

Exemples :

- les solutions de l'inéquation $x \leqslant 2$ se représentent par :

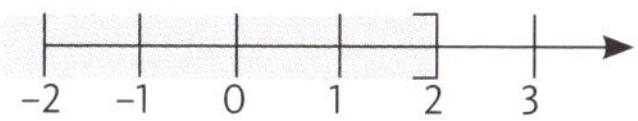

- les solutions de l'inéquation $x > 0$ se représentent par :

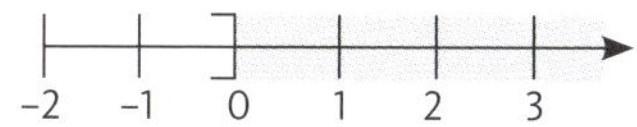

mes notes

2 Applications

EXO 1 **Résoudre l'inéquation $2(x + 3) > 5x$ et représenter les solutions sur un axe gradué.**

Solution

$$\begin{aligned} 2(x+3) &> 5x \\ 2x+6 &> 5x \\ 2x+6-2x &> 5x-2x \\ 6 &> 3x \\ 6 \div 3 &> 3x \div 3 \\ 2 &> x \\ x &< 2 \end{aligned}$$

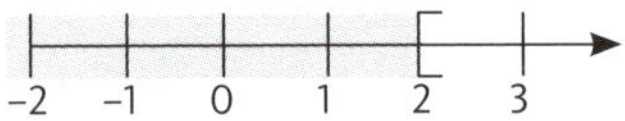

- Pour pouvoir regrouper les x du même côté, il faut auparavant développer $2(x + 3)$.
- On décide de regrouper à gauche : on enlève donc $2x$ des deux côtés.
- On élimine le 3 de $3x$ par une division par 3 : cette division ne change pas le sens de l'inégalité, car 3 est positif.
- Par habitude, on achève la résolution avec le x à gauche de l'inégalité.
- Remarquer que le crochet « tourne le dos » aux solutions hachurées : 2 ne fait pas partie des solutions.

EXO 2 **Résoudre l'inéquation $-4x \leqslant 5x + 12$ et représenter les solutions sur un axe gradué.**

Solution

$$\begin{aligned} -4x &\leqslant 5x+9 \\ -4x-5x &\leqslant 5x+9-5x \\ -9x &\leqslant 9 \\ -9x \div (-9) &\geqslant 9 \div (-9) \\ x &\geqslant -1 \end{aligned}$$

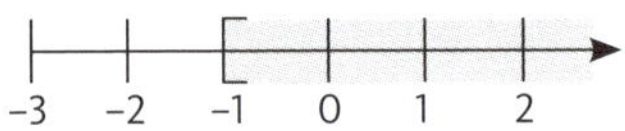

- On regroupe les x à droite, en effectuant l'opération $-5x$ des deux côtés.
- On divise par -9 : bien remarquer que l'inégalité change alors de sens.
- Remarquer que le crochet est tourné vers les solutions : la valeur -1 fait partie des solutions.

Mémo'Quiz

On considère l'inéquation $-3x > 6$

1. La valeur -3 est une solution de cette inéquation. ❑ Vrai ❑ Faux
2. La valeur -2 est une solution de cette inéquation. ❑ Vrai ❑ Faux
3. La résolution de cette inéquation donne $x > -2$ ❑ Vrai ❑ Faux
4. La résolution de cette inéquation donne $x < -2$ ❑ Vrai ❑ Faux
5. La représentation graphique des solutions de cette inéquation est : ❑ Vrai ❑ Faux

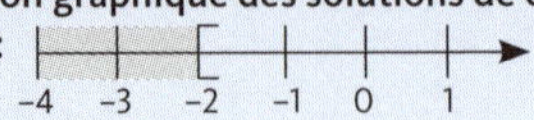

→ corrigés p. 95

MON **cours**

Sur les équations

Résoudre une équation d'inconnue x, c'est ....

....

....

Exemple 1

Je résous l'équation $2x + 3 = 5x - 6$.

....

....

....

....

Je vérifie ma (ou mes) solution(s).

....

Exemple 2

Je résous l'équation $(4x - 1)(2x + 3) = 0$.

....

....

....

....

Je vérifie ma (ou mes) solution(s).

....

Dans cet exemple, j'utilise la propriété :

....

....

....

MON cours

Sur les inéquations

Résoudre une inéquation d'inconnue x, c'est …

…

…

Exemple 1

Je résous l'inéquation $4x + 1 \geqslant -11$.

…

…

…

…

Je représente les solutions sur une droite graduée.

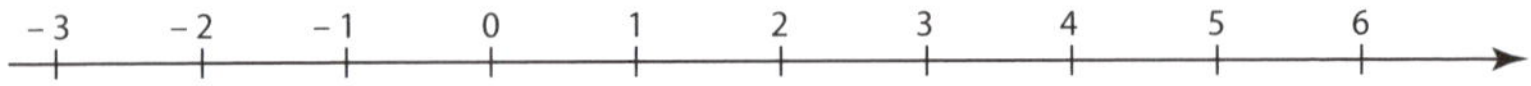

Exemple 2

Je résous l'inéquation $-2x + 7 < 10$.

…

…

…

…

Attention ! Lorsque je multiplie ou que je divise par un nombre **négatif**, je dois

…

…

…

Je représente les solutions sur une droite graduée.

Trouver l'image d'un nombre par une fonction

14

Lue Relue Apprise

mes notes

1 L'essentiel du cours

Définition : Une fonction f est un procédé qui, à un nombre de départ x fait correspondre un autre nombre (noté $f(x)$), appelé l'**image** de x par f.

x → fonction f → image de x : $f(x)$

Attention

L'image d'un nombre par une fonction est unique.

A Fonction définie par un tableau

- Soit f la fonction définie par le tableau de valeurs :

x	–1	0	1	2
$f(x)$	3	1	–2	5

Exemples :

3 est l'image de –1 par la fonction f, c'est-à-dire $f(-1) = 3$.
L'image de 2 par la fonction f est 5, c'est-à-dire $f(2) = 5$.

Aide

Les images se lisent sur la ligne « $f(x)$ ».

B Fonction définie par un graphique

- Soit f la fonction définie par le graphique ci-contre.

Pour chaque point de la courbe, l'ordonnée est l'image de l'abscisse.

Exemple : $f(1) = 2$

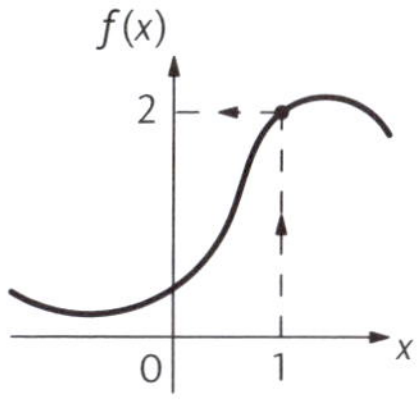

Aide

L'image d'un nombre se lit sur l'axe des **ordonnées**.

C Fonction définie par une expression

- Si une fonction est définie par une expression algébrique (littérale), on peut **calculer** l'image d'un nombre en effectuant le calcul décrit par cette expression.

Exemples :

- Si $f(x) = x^2 - 1$, alors $f(2) = 2^2 - 1 = 4 - 1 = 3$

L'image de 2 par f est 3.

- Si $g(x) = \frac{1}{x+2}$, alors $g(-5) = \frac{1}{-5+2} = -\frac{1}{3}$

L'image de –5 par g est $-\frac{1}{3}$.

L'astuce du prof

Il suffit de remplacer x dans l'expression de la fonction.

mes notes

2 Applications

EXO 1 La courbe ci-contre représente une fonction f.
Lire les images de -2, de 0 et de 1 par la fonction f.

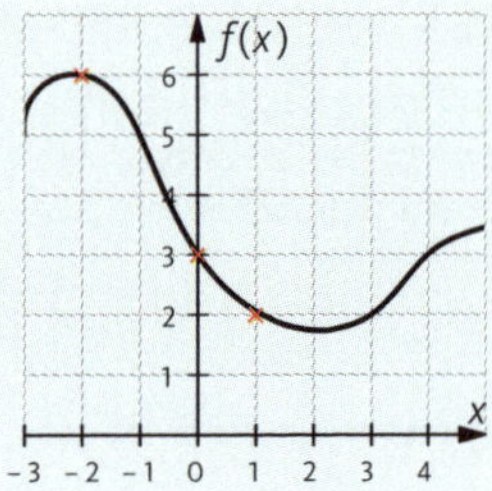

Solution

$f(-2) = 6 \quad f(0) = 3 \quad f(1) = 2$

Placer -2 ; 0 et 1 en abscisse et lire les ordonnées des points de la courbe leur correspondant (marqués en rouge sur la courbe).

EXO 2 Soit g la fonction dont un tableau de valeurs figure ci-contre.

x	-3	0	1	5
$g(x)$	-7	2	-3	7

Déterminer l'image de -3 par la fonction g, puis l'image de 5 par la fonction g.

Solution

$g(-3) = -7 \quad g(5) = 7$

Situer -3 dans la ligne « x » puis choisir la valeur en dessous dans la ligne « $f(x)$ ». Faire de même pour 5.

EXO 3 On considère la fonction h définie par $h(x) = 3x^2 + 2x - 7$.
Calculer l'image de -2 par h.

Solution

$$\begin{aligned} h(-2) &= 3 \times (-2)^2 + 2 \times (-2) - 7 \\ &= 3 \times 4 - 4 - 7 \\ &= 12 - 11 = 1 \end{aligned}$$

L'image de -2 par h est 1.

Remplacer x par -2 dans l'expression $h(x)$, puis effectuer le calcul, en appliquant les règles de calcul usuelles.

Mémo'Quiz

Les fonctions f et g sont celles des exercices précédents.

1. L'image de 3 par la fonction f est 2. ❑ Vrai ❑ Faux
2. L'image de 2 par la fonction g est 0. ❑ Vrai ❑ Faux
3. Si $p(x) = x(3 - x)$, alors $p(7) = 28$. ❑ Vrai ❑ Faux

➜ corrigés p. 95

Trouver l'antécédent d'un nombre par une fonction

15

Lue Relue Apprise

mes notes

1 L'essentiel du cours

Définition : Un antécédent d'un nombre a par une fonction f est un nombre x dont l'image est a par f. Autrement dit, a est l'image de x par f, ou bien encore $f(x) = a$.

Chercher un antécédent x de a, c'est chercher x tel que $f(x) = a$.

Attention

Un nombre peut avoir un, plusieurs ou aucun antécédent(s).

A Fonction définie par un tableau

- Soit f la fonction définie par le tableau de valeurs :

x	–2	0	2	5
$f(x)$	1	3	–4	1

Aide

Les antécédents se lisent sur la ligne « x ».

Exemples :

0 est un antécédent de 3 par la fonction f, car 3 est l'image de 0 par f.
–2 et 5 sont deux antécédents de 1 par f, car $f(-2) = 1$ et $f(5) = 1$.

B Fonction définie par un graphique

- Soit f la fonction définie par le graphique ci-contre. Pour chaque point de la courbe, l'abscisse est un antécédent de l'ordonnée.

Exemple : 1 est un antécédent de 2 car $f(1) = 2$

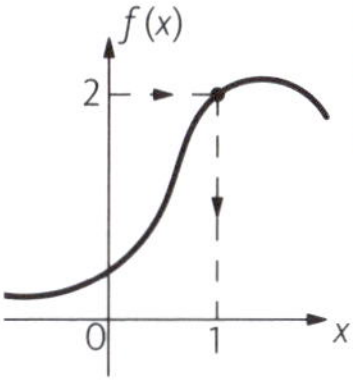

Aide

L'antécédent d'un nombre se lit sur l'axe des **abscisses**.

C Fonction définie par une expression

- Si une fonction est définie par une expression algébrique (littérale), on peut **calculer** l'antécédent d'un nombre a en résolvant l'équation $f(x) = a$.

Attention

On ne peut pas toujours résoudre l'équation.

Exemple :

Soit f la fonction définie par : $f(x) = 3x + 1$. Chercher l'antécédent de 10 par f, c'est donc résoudre l'équation $f(x) = 10$, c'est-à-dire : $3x + 1 = 10$
L'antécédent de 10 par la fonction f est donc 3 (le vérifier à titre d'exemple).

mes notes

2 Applications

EXO 1 **La courbe ci-contre représente une fonction f.**
Lire les antécédents de 5, de 3 et de 1 par la fonction f.

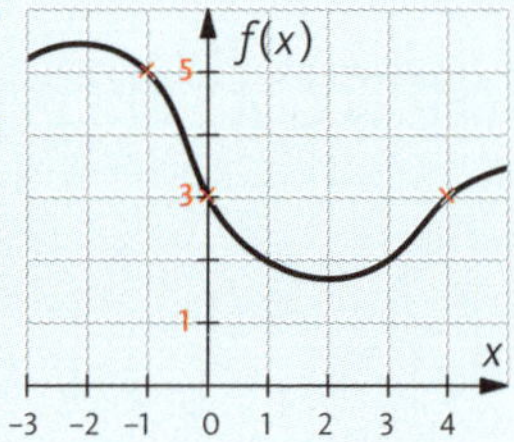

Solution

Comme $f(-1) = 5$, -1 est un antécédent de 5 par f.
Comme $f(0) = 3$ et $f(4) = 3$, 0 et 4 sont deux antécédents de 3 par f.
Aucun nombre n'a pour image 1, donc 1 n'a aucun antécédent par f.

- Placer 5 ; 3 et 1 en ordonnée et lire les abscisses des points de la courbe leur correspondant (marqués en rouge sur la courbe).
- Ne pas oublier qu'un nombre peut ne pas avoir d'antécédent (comme 1), ou bien plusieurs (comme 3).

EXO 2 **On considère la fonction g définie par $g(x) = -2x + 7$.**
Déterminer un antécédent de -3 par g.

Solution

$$-2x + 7 = -3$$
$$-2x = -3 - 7$$
$$-2x = -10$$
$$x = \frac{-10}{-2} = 5$$

Pour trouver un antécédent de -3 par la fonction g, résoudre l'équation $g(x) = -3$.

5 est un antécédent de -3 par g.

Mémo'Quiz

Les fonctions f et g sont celles des exercices précédents.

1. 1 est un antécédent de 2 par la fonction f. ❑ Vrai ❑ Faux
2. 2 n'a qu'un seul antécédent par la fonction f. ❑ Vrai ❑ Faux
3. Un antécédent de 3 par la fonction g est -5. ❑ Vrai ❑ Faux
4. -1 est un antécédent de 9 par la fonction $h(x) = x^2 - 3x + 5$. ❑ Vrai ❑ Faux

→ corrigés p. 95

MA carte mentale

Image et antécédent par une fonction

Calcul

Par le calcul, j'obtiens $f(2) = 1$ et $f(3) = 2$.
J'en déduis que :

- .... est l'image de .... par f.
- .... est un antécédent de .... par f.

Tableau

x	1	2	3
$f(x)$	0	1	2

Je lis que :

- .... est l'image de .... par f.
- .... est un antécédent de .... par f.

Graphique

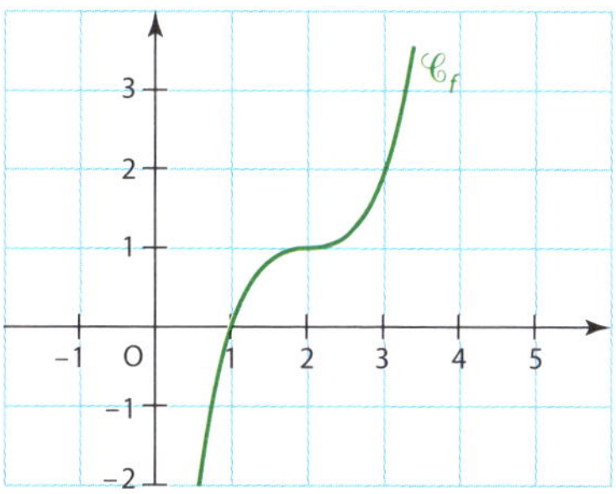

Je lis que :

- .... est l'image de .... par f.
- .... est un antécédent de .... par f.

MES exemples

Exemple 1

x	−1	2	3
$f(x)$	4	0	−2

- 0 colle ton sticker de.......... par f.
- 3 colle ton sticker de.......... par f.

Exemple 2

$g(x) = -4x + 7$

- Je calcule $g(-1)$: ....

....

....

J'en déduis que −1 colle ton sticker de......... par g.

- Je calcule $g(1)$: ....

....

....

J'en déduis que colle ton sticker de 1 par g.

Exemple 3

- 1 colle ton sticker de.......... par h.
- 1 colle ton sticker de.......... par h.

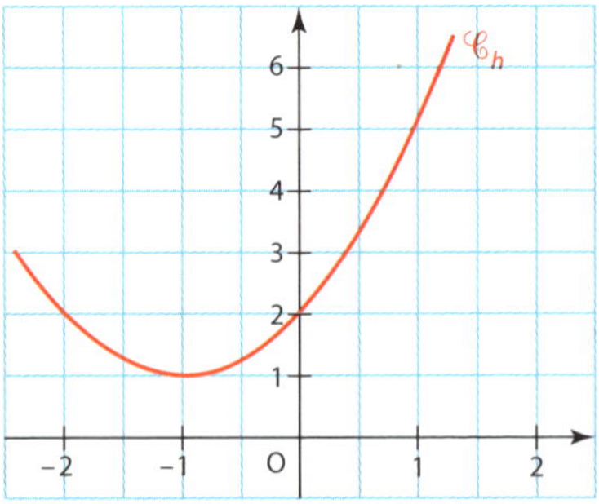

Représentation graphique d'une fonction linéaire

16

Lue Relue Apprise

mes notes

1 L'essentiel du cours

A Définition d'une fonction linéaire

Définition : On appelle **fonction linéaire** une fonction f qui à un nombre x associe un nombre ax, où a est un nombre relatif donné.
On note $\boldsymbol{f : x \mapsto ax}$

Exemples : $g : x \mapsto 2x$ et $h : x \mapsto -7x$, sont des fonctions linéaires.
$f : x \mapsto 3x + 1$ n'est pas une fonction linéaire.

B Représentation graphique d'une fonction linéaire

Propriété : Toute fonction linéaire est représentée graphiquement par **une droite passant par l'origine**.

- **Tracer la représentation graphique d'une fonction linéaire donnée**

On sait déjà que la droite représentant la fonction passe par le point de coordonnées (0 ; 0). Il suffit donc de calculer les coordonnées d'un autre point de la droite.

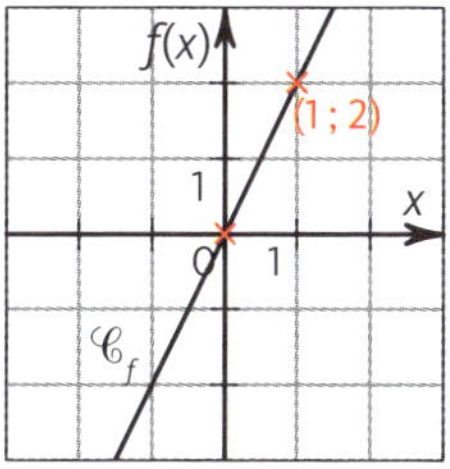

Exemple : Considérons $f : x \mapsto 2x$

$f(1) = 2 \times 1 = 2$, donc la droite passe par le point de coordonnées (1 ; 2).
On trace donc la droite $\mathscr{C}_f$ passant par les points (0 ; 0) et (1 ; 2).

- **Rôle du coefficient directeur**

Dans l'exemple précédent (fonction $f : x \mapsto 2x$), le coefficient a vaut 2. Ce coefficient s'appelle le **coefficient directeur** de la droite représentant f. C'est lui qui dirige la « pente » de la droite.

Propriété : • Si $\boldsymbol{a > 0}$, la droite « monte ».
• Si $\boldsymbol{a < 0}$, la droite « descend ».

Cette propriété peut être précisée : plus a est grand, plus la droite monte (elle monte de a unités verticalement pour 1 unité horizontalement).

L'astuce du prof
Ceci permet de lire un coefficient directeur simplement en comptant les carreaux.

mes notes

2 Application

EXO **Construire la représentation graphique de la fonction $g : x \mapsto -\frac{3}{2}x$**

Solution

La fonction g est une fonction linéaire de coefficient $-\frac{3}{2}$. Sa représentation graphique est donc une droite passant par l'origine.

$g(2) = -\frac{3}{2} \times 2 = -3$, donc la droite passe par le point de coordonnées $(2\,;-3)$.

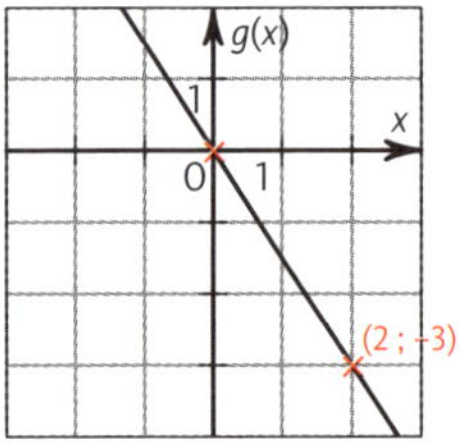

- Toujours justifier que la fonction est linéaire, en donnant son coefficient.
- Ainsi, on en déduit que la représentation est une droite.

En choisissant de calculer l'image de 2, on obtient une valeur entière : le point est alors plus facile à placer.

- Bien faire apparaître les deux points qui permettent de tracer la droite : le point origine (0 ; 0), et le point (2 ; –3).
- On remarque, comme prévu, que la droite « descend », car le coefficient directeur $-\frac{3}{2}$ est négatif.

Mémo'Quiz

On considère les droites (Δ_1) et (Δ_2) tracées dans le repère ci-contre, ainsi que les fonctions : $f : x \mapsto \frac{1}{2}x$ et $g : x \mapsto -x$

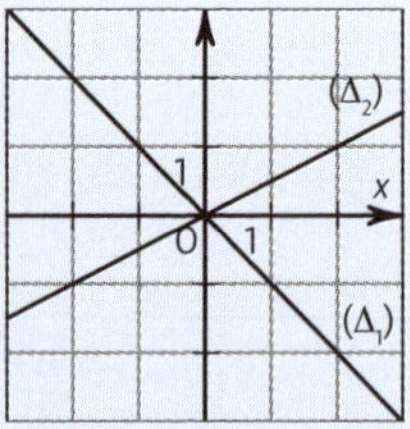

1. Les fonctions f et g sont des fonctions linéaires.

❑ Vrai ❑ Faux

2. Le coefficient directeur de la droite (Δ_2) est un nombre négatif.

❑ Vrai ❑ Faux

3. Le point de coordonnées $(-1\,;-1)$ appartient à la droite (Δ_2).

❑ Vrai ❑ Faux

4. (Δ_1) est la représentation graphique de g.

❑ Vrai ❑ Faux

→ corrigés p. 95

Représentation graphique d'une fonction affine

17

Lue Relue Apprise

mes notes

1 L'essentiel du cours

A Définition d'une fonction affine

Définition : On appelle **fonction affine** une fonction f qui, à un nombre x, associe un nombre $ax + b$, où a et b sont des nombres relatifs donnés.
On note $\boldsymbol{f : x \mapsto ax + b}$

Exemples : $g : x \mapsto 2x + 1$ et $h : x \mapsto -x - 4$ sont des fonctions affines.

$f : x \mapsto \frac{1}{x} + 1$ n'est pas une fonction affine.

B Représentation graphique d'une fonction affine

Propriété : Toute fonction affine est représentée graphiquement par **une droite**.

- **Tracer la représentation graphique d'une fonction affine donnée**

Pour tracer une droite, il suffit d'en connaître deux points. Il faut donc calculer l'image de deux valeurs différentes de x.

Exemple : Considérons $f : x \mapsto x - 1$
$f(0) = 0 - 1 = -1$, donc la droite passe par le point de coordonnées $(0 ; -1)$.
$f(2) = 2 - 1 = 1$, donc la droite passe par le point de coordonnées $(2 ; 1)$.
On trace donc la droite $\mathscr{C}_f$ passant par les points $(0 ; -1)$ et $(2 ; 1)$.

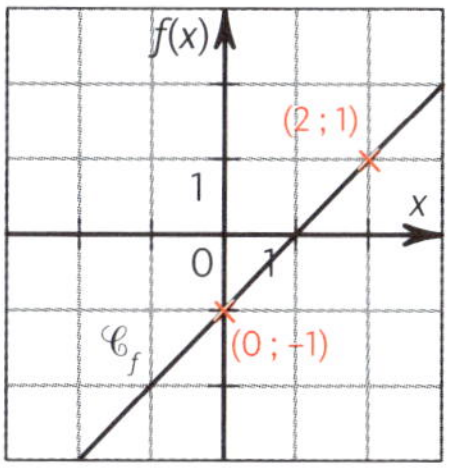

- **Rôles de a et b**

Comme pour une fonction linéaire, le nombre a s'appelle le **coefficient directeur** : il indique la pente de la droite.
Le nombre b s'appelle l'**ordonnée à l'origine** : il indique en effet à quel endroit la droite coupe l'axe des ordonnées.

Propriété : Une fonction affine définie par $f : x \mapsto ax + b$ coupe l'axe des ordonnées au point $(0 ; b)$.

L'astuce du prof
Ceci permet de lire la valeur de b très simplement sur un graphique.

mes notes

2 Application

EXO **Construire la représentation graphique de la fonction $h : x \mapsto -x + 2$**

Solution

La fonction h est une fonction affine, sa représentation graphique $\mathscr{C}_h$ est donc une droite.
Son ordonnée à l'origine vaut 2, donc $\mathscr{C}_h$ passe par le point de coordonnées (0 ; 2).
De plus, $h(3) = -3 + 2 = -1$, donc $\mathscr{C}_h$ passe par le point de coordonnées (3 ; –1)

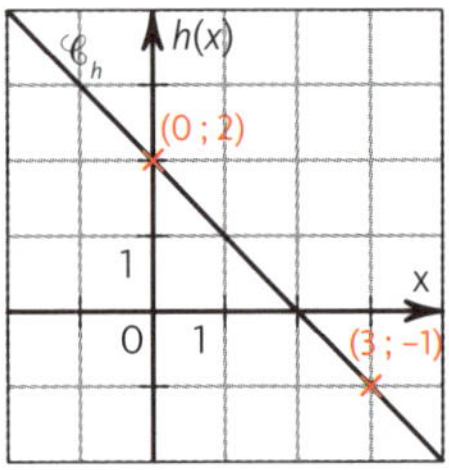

- $h(x) = -x + 2 = -1 \times x + 2$; donc h est une fonction affine de coefficient $a = -1$ et d'ordonnée à l'origine $b = 2$.
- L'ordonnée à l'origine donne très facilement un point de la droite. On en trouve un deuxième en calculant l'image d'une valeur que l'on choisit (ici, la valeur 3).
- Bien faire apparaître les deux points qui permettent de tracer la droite : le point (0 ; 2), et le point (3 ; –1).
- On remarque, comme prévu, que la droite « descend », car le coefficient directeur –1 est négatif.

Mémo'Quiz

On considère deux fonctions affines f et g dont les représentations graphiques $\mathscr{C}_f$ et $\mathscr{C}_g$ sont tracées dans le repère ci-contre.

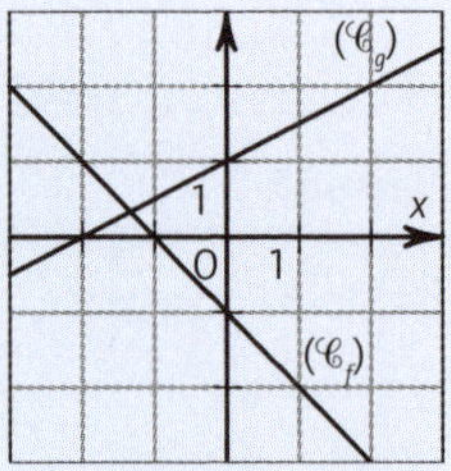

1. L'ordonnée à l'origine de g est égale à 1.
   ❑ Vrai ❑ Faux
2. Le coefficient directeur de la droite $\mathscr{C}_f$ est un nombre positif.
   ❑ Vrai ❑ Faux
3. La fonction g est la fonction $g(x) = 2x + 1$ ❑ Vrai ❑ Faux
4. La fonction f est la fonction $f(x) = -x - 1$ ❑ Vrai ❑ Faux

→ corrigés p. 95

Déterminer l'expression d'une fonction linéaire

18

Lue Relue Apprise

mes notes

1 L'essentiel du cours

A Expression d'une fonction linéaire

Rappel : Si f est une **fonction linéaire**, alors il existe un nombre a tel que f s'écrive $\boldsymbol{f : x \mapsto ax}$.
Déterminer l'expression d'une fonction linéaire f revient donc à trouver la valeur du coefficient a.

B Recherche de a connaissant l'image d'un nombre par f

Propriété : Si un nombre x a pour image un nombre y par la fonction linéaire f, alors le coefficient a vaut $\frac{y}{x}$.

Remarque : « un nombre x a pour image un nombre y » signifie que $f(x) = y$.

Exemple : Déterminons l'expression de la fonction linéaire f, sachant que $f(3) = -6$.
D'après ce qui précède, le coefficient a de la fonction f vaut $\frac{-6}{3}$, donc -2.
L'expression de la fonction f est donc $f : x \mapsto -2x$.

C Recherche de a connaissant la représentation graphique de f

Propriété : Si un point M de coordonnées $(x ; y)$ appartient à la représentation graphique $\mathscr{C}_f$ d'une fonction linéaire f, alors le coefficient a vaut $\frac{y}{x}$.

Remarque : $M(x ; y) \in \mathscr{C}_f$ signifie que $f(x) = y$.

Exemple : Grâce à la représentation $\mathscr{C}_f$ ci-dessous, déterminons l'expression de f.

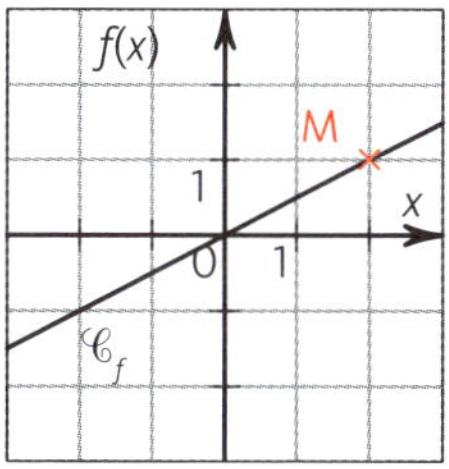

On cherche un point de coordonnées entières, différent de l'origine. Prenons par exemple le point M de coordonnées (2 ; 1).
D'après ce qui précède, $a = \frac{1}{2}$.
L'expression de la fonction f est donc
$f : x \mapsto \frac{1}{2}x$.

mes notes

2 Applications

EXO 1 **On considère une fonction linéaire g, telle que $g(2) = 10$. Déterminer l'expression de la fonction g.**

Solution

g est une fonction linéaire, donc il existe un nombre a tel que $g(x) = ax$.

Or $g(2) = 10$, donc $a = \frac{10}{2} = 5$.

Donc l'expression de la fonction g est $g : x \mapsto 5x$.

> Toujours rappeler que la fonction est linéaire, et donc qu'il suffira de trouver a pour déterminer l'expression de la fonction.

EXO 2 **On considère une fonction h, dont la représentation graphique $\mathscr{C}_h$ est donnée ci-contre.**

1. Quelle est la nature de la fonction h ?
2. Déterminer l'expression de h.

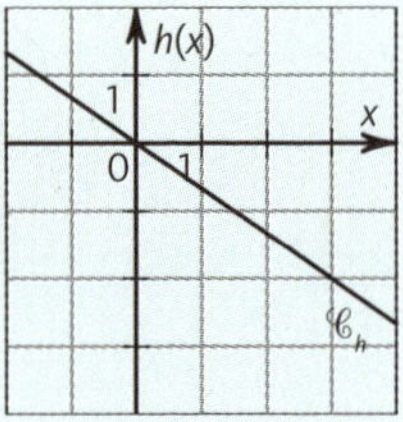

Solution

1. $\mathscr{C}_h$ est une droite passant par l'origine : h est donc une fonction linéaire.

2. Le point de coordonnées $(3 ; -2)$ appartient à $\mathscr{C}_h$. Donc le coefficient de h est $\frac{-2}{3}$.

L'expression de h est donc $h : x \mapsto \frac{-2}{3}x$

> • Ne pas oublier de dire que la droite passe par l'origine. Sinon h peut être une fonction affine.
> • Toujours chercher un point de coordonnées entières.
> • Ne pas oublier le x dans l'expression de la fonction.

Mémo'Quiz

1. Si f est une fonction linéaire telle que $f(5) = 3$, alors $f(x)$ vaut :

❑ $\frac{5}{3}x$ ❑ $\frac{3}{5}x$ ❑ $\frac{3}{5}$

2. On considère la fonction $h : x \mapsto -3x$. Quel point appartient à $\mathscr{C}_h$?

❑ M(1 ; 3) ❑ N(−1 ; −3) ❑ P(2 ; −6)

3. On considère le point M(−2 ; 4). Quelle est la fonction dont la représentation graphique passe par M ?

❑ $x \mapsto -2x$ ❑ $x \mapsto \frac{1}{2}x$ $x \mapsto 2x$

→ corrigés p. 95

Déterminer l'expression d'une fonction affine

19

Lue Relue Apprise

mes notes

1 L'essentiel du cours

A Expression d'une fonction affine

Rappel : Si f est une **fonction affine**, alors il existe deux nombres a et b tels que f s'écrive $\boldsymbol{f : x \mapsto ax + b}$.
Déterminer l'expression d'une fonction affine f revient donc à trouver la valeur des nombres a et b.

B Recherche de *a* et *b* connaissant l'image de deux nombres par *f*

- **Calcul de *a* :**

Propriété : Si f est une fonction affine, que $f(x_1) = y_1$ et que $f(x_2) = y_2$, alors $\boxed{a = \frac{y_2 - y_1}{x_2 - x_1}}$.

Remarque : On peut aussi écrire $a = \frac{y_1 - y_2}{x_1 - x_2}$

- **Calcul de *b* :**

Une fois la valeur de a déterminée, on calcule b par $\boxed{b = y_1 - ax_1}$ (ou bien $b = y_2 - ax_2$).

Exemple : Déterminons l'expression d'une fonction affine f, sachant que $f(2) = 1$ et $f(5) = 7$.

Calcul de a : $a = \frac{7 - 1}{5 - 2} = \frac{6}{3} = 2$. Donc $b = 1 - 2 \times 2 = 1 - 4 = -3$.

La fonction f est donc $f : x \mapsto 2x - 3$.

C Recherche de *a* et *b* connaissant la représentation graphique de *f*

- Si on arrive à lire les coordonnées de deux points $M_1(x_1 ; y_1)$ et $M_2(x_2 ; y_2)$, alors la détermination de a et b peut se faire par la méthode vue au B.
- Si l'intersection de $\mathscr{C}_f$ et de l'axe des ordonnées est lisible, on y retrouve la valeur de b (appelée ordonnée à l'origine).
- Si on peut se déplacer d'un point de $\mathscr{C}_f$ à un autre en se décalant d'un nombre entier de carreaux, on peut alors calculer a par le quotient $\frac{\text{déplacement vertical}}{\text{déplacement horizontal}}$.

mes notes

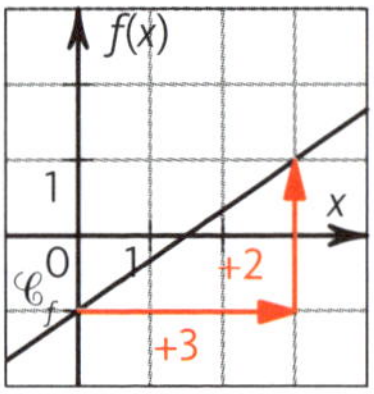

Exemple : Grâce à la représentation $\mathscr{C}_f$ ci-contre, déterminons l'expression de f.
La droite $\mathscr{C}_f$ coupe l'axe des ordonnées en –1.
Donc $b = -1$.
De plus, la droite « monte » de 2 unités pour un déplacement horizontal de 3 unités donc $a = \frac{2}{3}$.
L'expression de la fonction f est donc
$f : x \mapsto \frac{2}{3}x - 1$.

2 Application

EXO **On considère une fonction affine h, dont la représentation graphique $\mathscr{C}_h$ est donnée ci-contre.**
Déterminer l'expression de h.

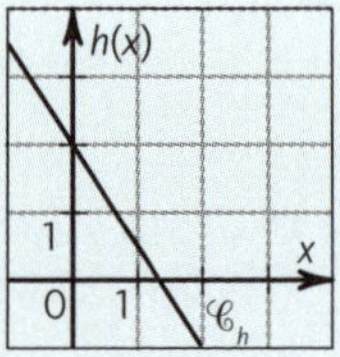

Solution

Comme h est une fonction affine, il existe deux nombres a et b tels que $h(x) = ax + b$.
$\mathscr{C}_h$ coupe l'axe des ordonnées en 2.
Donc $b = 2$.
Le point de coordonnées (2 ; –1) appartient à $\mathscr{C}_h$, donc $h(2) = -1$.
Donc $a \times 2 + 2 = -1$, d'où $2a = -3$, et donc $a = \frac{-3}{2}$.
Donc $h : x \mapsto \frac{-3}{2}x + 2$.

- Toujours commencer par déterminer l'ordonnée à l'origine, par une simple lecture.
- On cherche un point de coordonnées entières. On peut aussi compter les unités de décalage pour mesurer la pente de la droite.

Mémo'Quiz

On considère une fonction affine $f : x \mapsto -3x + 5$

1. Le point de coordonnées (1 ; 2) appartient à $\mathscr{C}_f$.	❑ Vrai	❑ Faux
2. L'ordonnée à l'origine de $\mathscr{C}_f$ vaut –3.	❑ Vrai	❑ Faux
3. Le coefficient directeur de $\mathscr{C}_f$ vaut –3.	❑ Vrai	❑ Faux
4. Le point de coordonnées (0 ; 5) appartient à $\mathscr{C}_f$.	❑ Vrai	❑ Faux

→ corrigés p. 95

MON récap'

FONCTION LINÉAIRE

Une fonction linéaire f est ....

....

....

Le nombre a s'appelle ....

....

....

Dans un repère, on la représente par

....

....

- Quand $a > 0$, c'est que ....
- Quand $a < 0$, c'est que ....

MES exemples

Exemple 1

f est la fonction linéaire d'expression $f(x) = 3x$.

- Je calcule l'image de 2 par f :

....

....

- Je calcule l'antécédent de 2 par f :

....

....

Exemple 2

g est la fonction linéaire d'expression $g(x) = -2x$.
Je dois représenter g dans un repère.

- Je sais que ....

....

- Je calcule :

....

....

- Je trace alors la représentation graphique de g dans le repère ci-contre.

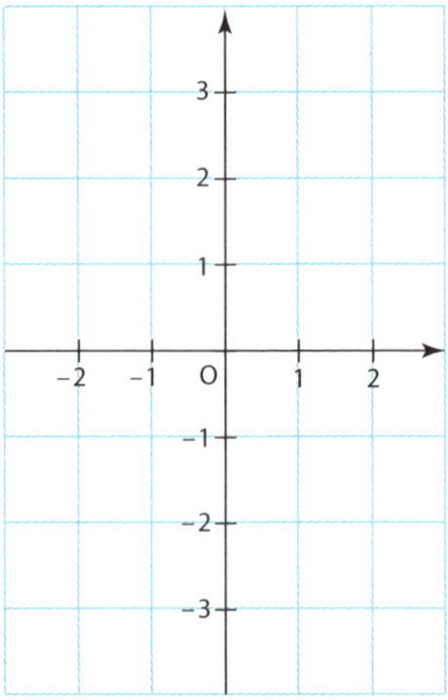

MON récap'

FONCTION AFFINE

Une fonction affine *f* est ....

....

....

Le nombre a s'appelle ....

....

Le nombre b s'appelle ....

....

Dans un repère, on la représente par

....

....

- Quand $a > 0$, c'est que ....
- Quand $a < 0$, c'est que ....
- b est l'endroit où ....

....

MES exemples

Exemple 1

f est la fonction affine d'expression $f(x) = 5x - 4$.

- Je calcule l'image de -1 par f :

....

....

- Je calcule l'antécédent de 6 par f :

....

....

Exemple 2

g est la fonction affine d'expression $g(x) = \frac{1}{2}x + 1$.
Je dois représenter g dans un repère.

- Je sais que ....

....

- Je calcule :

....

....

- Je trace alors la représentation graphique de g dans le repère ci-contre.

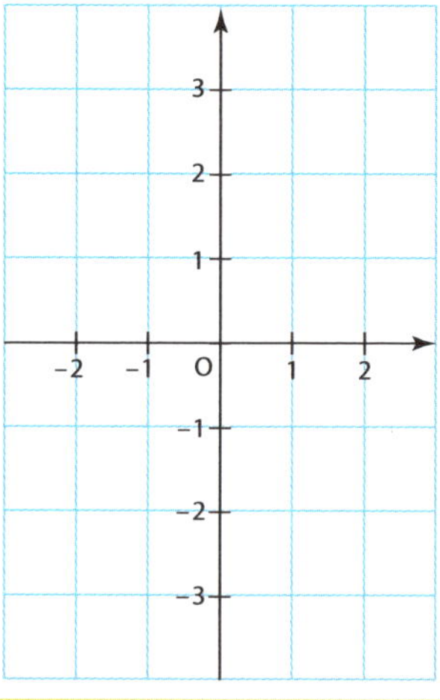

Connaître les transformations du plan

20

Lue Relue Apprise

mes notes

1 L'essentiel du cours

A La translation

Par une translation, la figure est simplement déplacée, sans pivotement ni modification de sa forme.

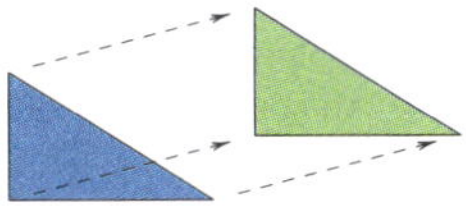

B La symétrie centrale

Par une symétrie centrale, la figure effectue un demi-tour autour d'un point.

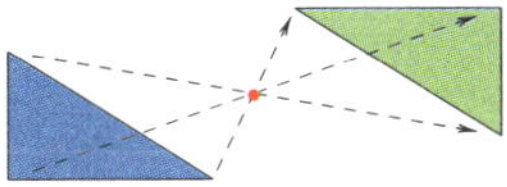

C La symétrie axiale

Par une symétrie axiale, la figure est « repliée » autour d'un axe.

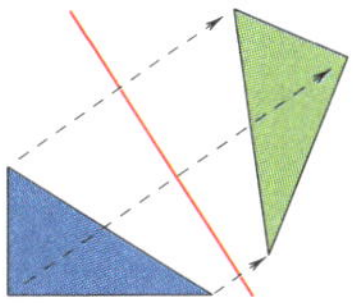

D La rotation

Par une rotation (d'un angle donné), la figure pivote autour d'un point.

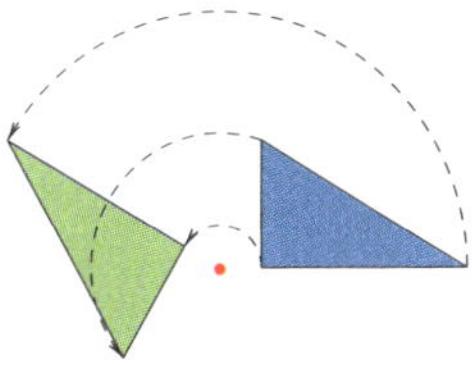

E L'homothétie

Par une homothétie, la figure est déplacée et en même temps agrandie ou réduite. (voir fiche n° 22)

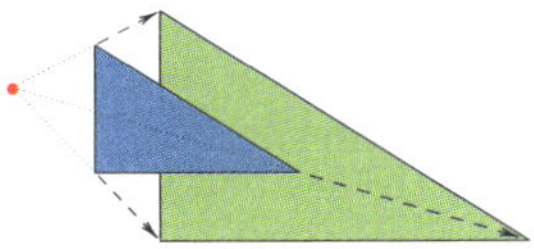

mes notes

2 Application

EXO Sur le dessin ci-contre du graveur hollandais M.C. Escher, donner si possible une ou plusieurs transformations pouvant relier les têtards :

1. A et B.
2. A et C.
3. B et D.
4. A et E.
5. C et F.

Solution

1. Symétrie axiale et translation.
2. Rotation et symétrie axiale.
3. Translation.
4. Translation.
5. Rotation et symétrie axiale.

- Il y a souvent plusieurs solutions possibles.
- Si la figure a été pivotée, la translation est impossible.
- Pour toutes ces transformations, les dimensions de la figure transformée restent identiques.

Mémo'Quiz

1. Le lézard D est l'image du lézard A par une :
   ❑ symétrie axiale ❑ symétrie centrale
   ❑ translation
2. Le lézard E est l'image du lézard D par une :
   ❑ symétrie axiale ❑ symétrie centrale
   ❑ translation
3. Le lézard A est l'image du lézard B par une :
   ❑ symétrie axiale ❑ symétrie centrale
   ❑ translation
4. Le lézard E est l'image du lézard C par une :
   ❑ symétrie axiale ❑ symétrie centrale
   ❑ translation

→ corrigés p. 95

Démontrer grâce aux angles

21

Lue Relue Apprise

mes notes

1 L'essentiel du cours

A Démontrer que trois points sont alignés

Propriété : Si l'angle $\widehat{ABC}$ mesure 180 degrés, alors les points A, B et C sont alignés.

Exemple : Dans la figure ci-contre, montrons que les points A, B et C sont alignés.

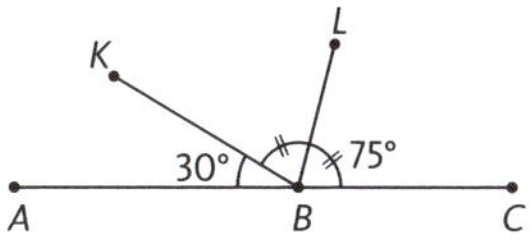

D'après le codage, $\widehat{LBK} = \widehat{CBL} = 75°$.
Donc $\widehat{ABC} = 75° + 75° + 30° = 180°$.
On peut donc en déduire que les points A, B et C sont alignés.

B Démontrer que deux droites sont parallèles

Propriété : Si les angles formés par deux droites avec une même droite sécante sont de même mesure, alors ces deux droites sont parallèles.

Exemple : Dans la figure ci-dessous, les points A, C et H ainsi que D, C et F sont alignés. Montrons que les droites (AB) et (DC) sont parallèles.

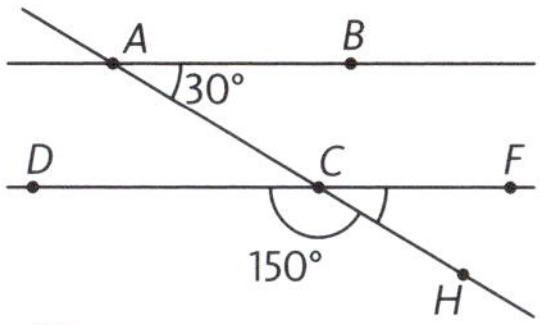

Comme les points D, C et F sont alignés, $\widehat{DCF} = 180°$. On en déduit que $\widehat{HCF} = 180 - 150 = 30°$.
On a donc $\widehat{HCF} = \widehat{CAB} = 30°$.
Donc les droites (AB) et (DC) sont parallèles.

C Démontrer qu'un triangle est isocèle

Propriété : Si deux angles d'un triangle sont de même mesure, alors ce triangle est isocèle.

Remarque
La réciproque est vraie : si un triangle est isocèle, alors il possède deux angles de même mesure.

Exemple : Dans la figure ci-dessous, les points A, B et C sont alignés. Montrons que le triangle ABD est isocèle.

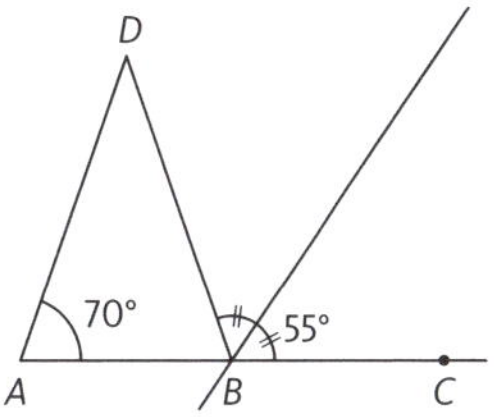

D'après le codage de la figure, $\widehat{CBD} = 2 \times 55 = 110°$.
Comme les points A, B et C sont alignés, $\widehat{ABC} = 180°$.
On en déduit que $\widehat{ABD} = 180 - 110 = 70°$.
On a donc $\widehat{BAD} = \widehat{ABD} = 70°$. Donc le triangle ABD est isocèle.

mes notes

2 Application

EXO **Prouver que les droites (*AB*) et (*BD*) sont perpendiculaires.**

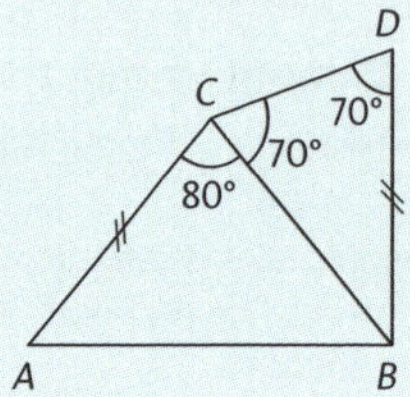

Solution

Le triangle *BCD* possède deux angles $\widehat{BDC}$ et $\widehat{DCB}$ de même mesure, il est donc isocèle de sommet B.
Donc *BC* = *BD*.
Ceci entraîne que le triangle *ABC* est isocèle de sommet *C*, car *CA* et *CB* sont tous deux égaux à *BD*.
Puisque *ABC* est isocèle de sommet *C*, les angles $\widehat{CAB}$ et $\widehat{CBA}$ sont égaux et valent $\frac{180-80}{2} = 50°$.
De plus, dans le triangle *DBC*,
$\widehat{DBC} = 180 - (70 + 70) = 40°$.
Finalement, $\widehat{ABD} = \widehat{ABC} + \widehat{CBD} = 50 + 40 = 90°$, ce qui prouve la perpendicularité des droites (*AB*) et (*BD*).

> Les droites sont perpendiculaires si l'angle qu'elles forment est égal à 90°. Il faut donc calculer $\widehat{ABD}$, en calculant séparément $\widehat{ABC}$ et $\widehat{CBD}$.

> Lorsque deux angles d'un triangle ont la même mesure, il est isocèle.

> La somme des mesures des trois angles d'un triangle vaut 180°.

Mémo'Quiz

1. Si $\widehat{ABC} = 32°$ et $\widehat{ACB} = 58°$, alors le triangle *ABC* est :
❑ isocèle ❑ quelconque ❑ rectangle

2. Si $\widehat{ABC} = 40°$ et $\widehat{ACB} = 70°$, alors le triangle *ABC* est :
❑ isocèle ❑ quelconque ❑ rectangle

3. Si $\widehat{ABC} = 50°$ et $\widehat{ACB} = 100°$, alors le triangle *ABC* est :
❑ isocèle ❑ quelconque ❑ rectangle

4. Si $\widehat{ABC} = 70°$ et $\widehat{ACB} = 110°$, alors le triangle *ABC* est :
❑ isocèle ❑ quelconque ❑ rectangle

→ corrigés p. 95

MES schémas

Translation

A′B′C′ est l'image du triangle ABC par la translation qui transforme A en A′.

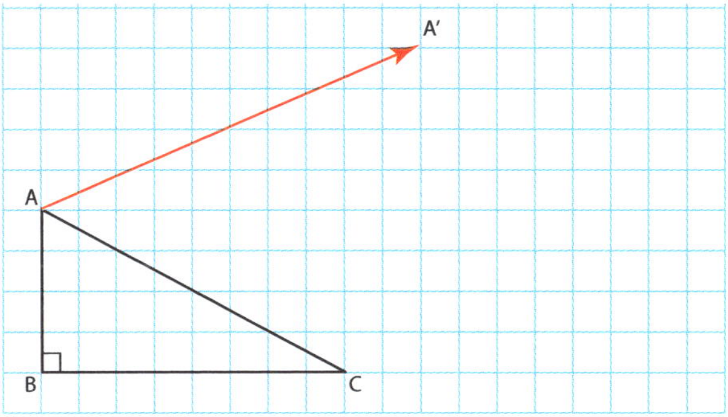

Rotation

A′B′C′ est l'image du triangle ABC par la rotation de centre O et d'angle 90° dans le sens de la flèche.

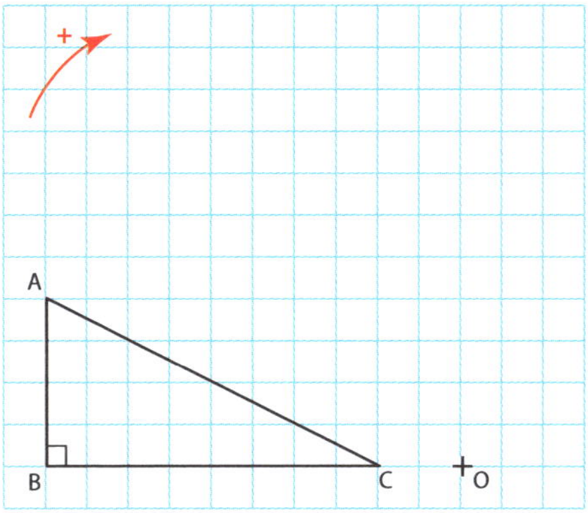

MES schémas

Symétrie axiale

A′B′C′ est l'image du triangle ABC par la symétrie axiale d'axe D.

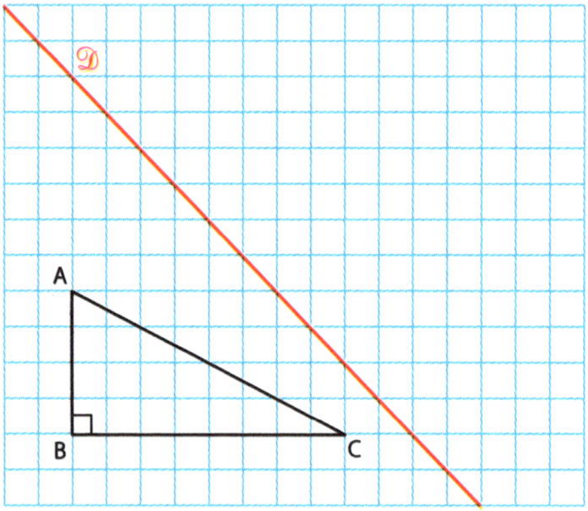

Symétrie centrale

A′B′C′ est l'image du triangle ABC par la symétrie centrale de centre O.

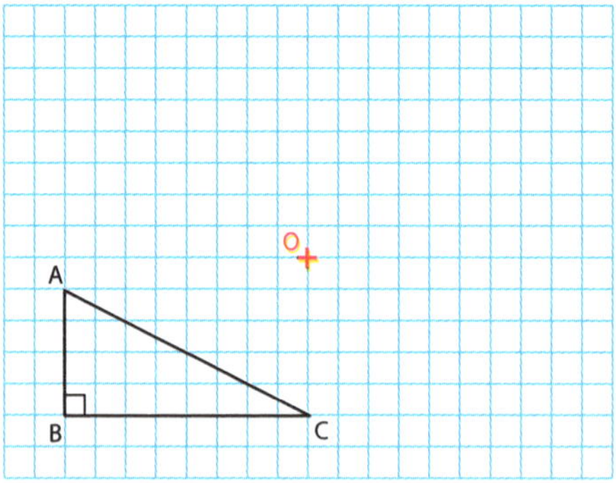

MON récap'

Récapitulatif des propriétés

	CONSERVE LES LONGUEURS	CONSERVE LES ANGLES	TRANSFORME UNE DROITE EN UNE DROITE PARALLÈLE
Une translation	**OUI** car AB = A'B'		**OUI** car (AC) // (A'C')
Une rotation			
Une symétrie axiale			
Une symétrie centrale		**OUI** car $\widehat{ACB} = \widehat{A'C'B'}$	

MON schéma et mon récap'

Homothétie

A′B′C′ est l'image du triangle ABC par l'homothétie de centre O et de rapport $k = 2$.

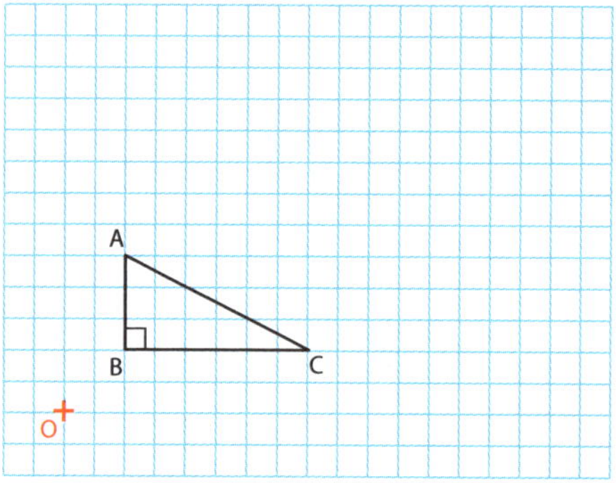

Récapitulatif des propriétés

CONSERVE LES LONGUEURS

CONSERVE LES ANGLES

TRANSFORME UNE DROITE EN UNE DROITE PARALLÈLE

Une homothétie

- Lorsque $k > 1$, ……………………………………………………………………………………………
- Lorsque $k < 1$, ……………………………………………………………………………………………

MA carte mentale

Propriétés des angles

Cercle

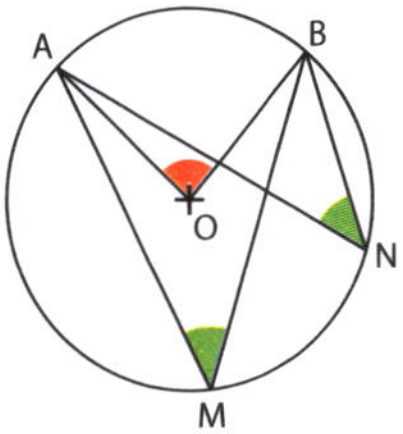

- $\widehat{AMB}$ = ...
- $\widehat{AOB}$ = ...

Triangle

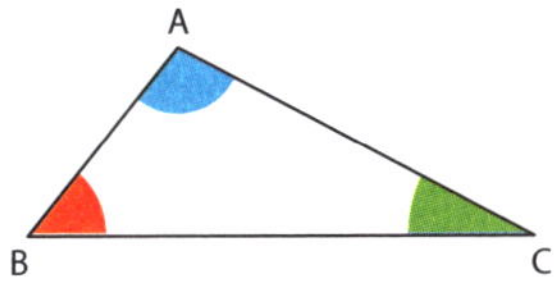

.... + ... + ... = ...

Angles alterne-interne

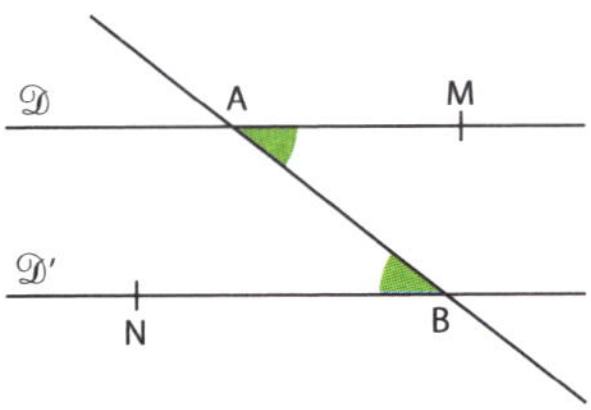

𝒟 // 𝒟′ donc les angles .... et .... sont alterne-interne et $\widehat{MAB}$ = ...

Transformations

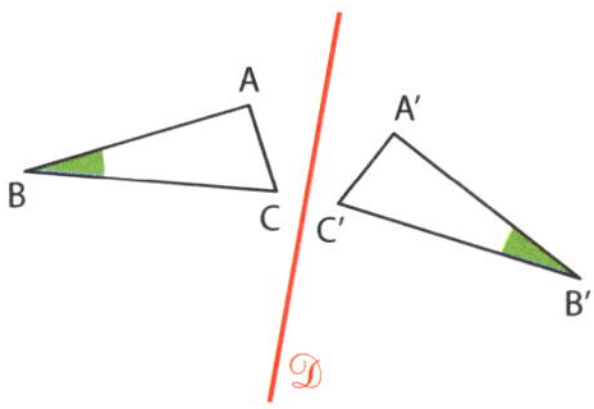

La symétrie axiale conserve les angles, donc :

$\widehat{ABC}$ = ...

MES exemples

Exemple 1

Les droites $\mathscr{D}$ et $\mathscr{D}'$ sont parallèles.

- Je dois calculer la mesure de l'angle $\widehat{ABC}$:

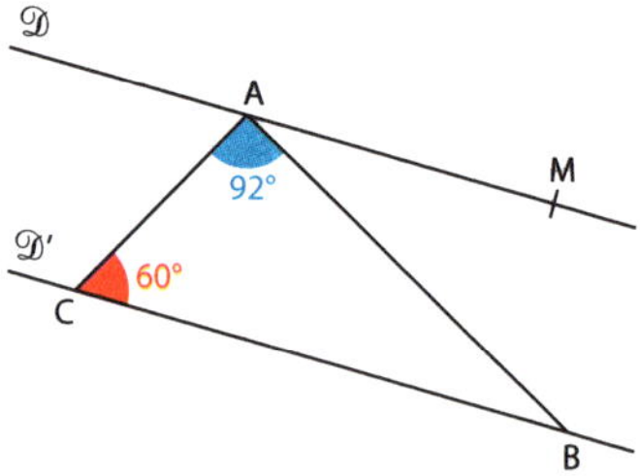

- Je dois calculer la mesure de l'angle $\widehat{BAM}$:

Exemple 2

- Je dois calculer la mesure de l'angle $\widehat{AOB}$:

Le triangle AOB est ....

donc ....

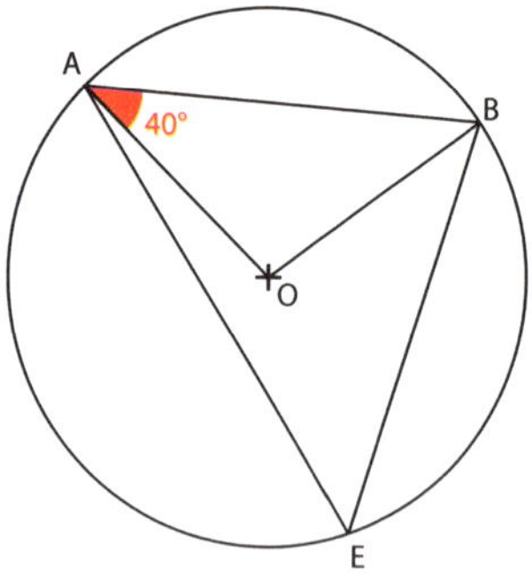

- Je dois calculer la mesure de l'angle $\widehat{AEB}$:

Médiatrice d'un segment

Lue Relue Apprise

22

mes notes

1 L'essentiel du cours

A Définition d'une médiatrice

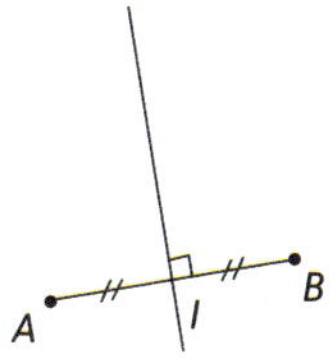

Définition : La médiatrice d'un segment [*AB*] est la droite qui coupe perpendiculairement le segment [*AB*] en son milieu.

B Médiatrice et équidistance

Propriété 1 : Si un point *M* appartient à la médiatrice d'un segment [*AB*], alors *M* est à égale distance de *A* et de *B*.

Exemple : Dans la figure ci-dessous, prouvons que le triangle *AMB* est isocèle.

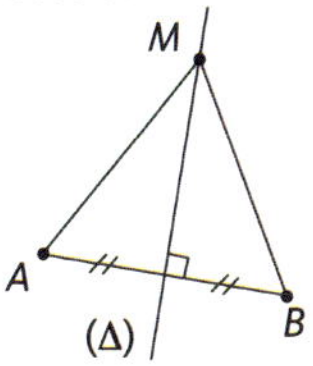

D'après le codage de la figure, la droite (Δ) coupe perpendiculairement le segment [*AB*] en son milieu. Elle est donc la médiatrice de [*AB*].
D'après la propriété 1, tout point de (Δ) est donc situé à égale distance de *A* et de *B*.
Comme $M \in (\Delta)$, $MA = MB$. Donc le triangle *AMB* est isocèle de sommet *M*.

Propriété 2 : Si *M* est à égale distance de *A* et de *B*, alors *M* appartient à la médiatrice de [*AB*].

Exemple : Dans la figure ci-dessous, prouvons que la droite (*MN*) est perpendiculaire à la droite (*AB*).

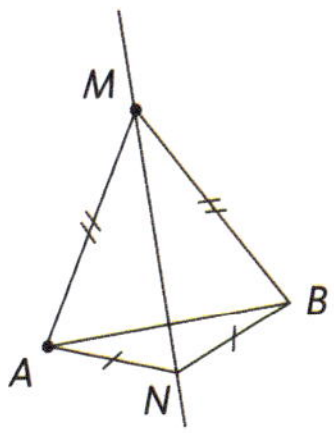

D'après le codage de la figure, le point *M* est situé à égale distance de *A* et de *B*. D'après la propriété 2, cela signifie que *M* appartient à la médiatrice de [*AB*].
De la même manière, on prouve que *N* appartient à la médiatrice de [*AB*].
La droite (*MN*) est donc la médiatrice de [*AB*]. Elle coupe donc perpendiculairement [*AB*] en son milieu.
La droite (*MN*) est donc bien perpendiculaire à la droite (*AB*).

Remarque : La propriété 2 est appelée réciproque de la propriété 1.

mes notes

2 Application

EXO **Les trois points *A*, *B* et *C* représentent trois villes d'une même communauté de communes. Cette communauté souhaite installer un répartiteur téléphonique à égale distance de ces trois villes. Où placer ce répartiteur ?**

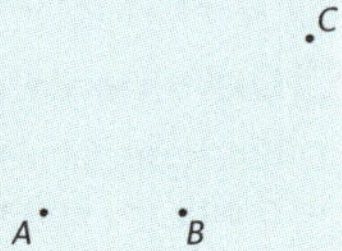

Solution

Appelons *M* le point où sera placé le répartiteur. Puisque *M* doit être à égale distance de *A* et de *B*, *M* se situe sur la médiatrice du segment [*AB*]. On trace donc cette médiatrice.

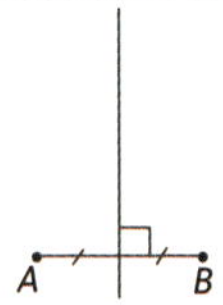

Sachant que le point *M* doit aussi être à égale distance de *B* et de *C*, on trace la médiatrice de [*BC*].

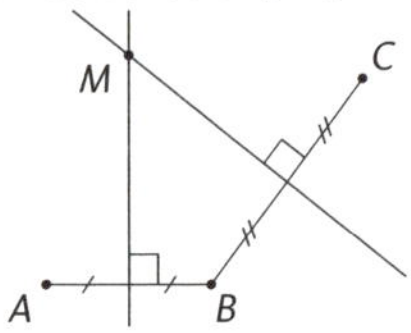

La notion d'égale distance doit immédiatement faire penser à la médiatrice.
Pour tracer une médiatrice, il existe deux méthodes :
1. À la règle et à l'équerre :
- On place à la règle un point au milieu du segment.
- On trace à l'équerre la droite perpendiculaire au segment passant par son milieu.

2. Au compas et à la règle :
- On pointe sur une extrémité du segment et on trace deux arcs de cercle de chaque côté du segment.
- Sans changer l'ouverture du compas, on pointe sur l'autre extrémité et on retrace deux arcs de cercle qui viennent couper les précédents.
- À la règle, on relie les deux points ainsi créés.

Le point *M* est donc à l'intersection de ces deux médiatrices.

Mémo'Quiz

Dans les questions suivantes, [*AB*] est un segment de milieu *K*, et *Z* est un point de la médiatrice de [*AB*].

1. Le triangle *ZKA* est un triangle rectangle. ❑ Vrai ❑ Faux
2. Le triangle *ZAB* est un triangle isocèle. ❑ Vrai ❑ Faux
3. Le cercle de centre *Z* et de rayon *ZA* passe par *K*. ❑ Vrai ❑ Faux
4. Toute droite perpendiculaire à (*AB*) est aussi parallèle à (*ZK*). ❑ Vrai ❑ Faux

→ corrigés p. 95

Agrandissement et réduction

23

Lue Relue Apprise

mes notes

1 L'essentiel du cours

A Définitions

Rapport d'agrandissement-réduction :
- Une figure *B* est appellée agrandissement ou réduction d'une figure *A* lorsqu'elle possède la même forme que cette figure *A*.
- Si les longueurs de la figure *B* s'obtiennent en multipliant les longueurs de la figure *A* par un nombre *k*, on dit que *k* est le rapport d'agrandissement-réduction.

Exemple :

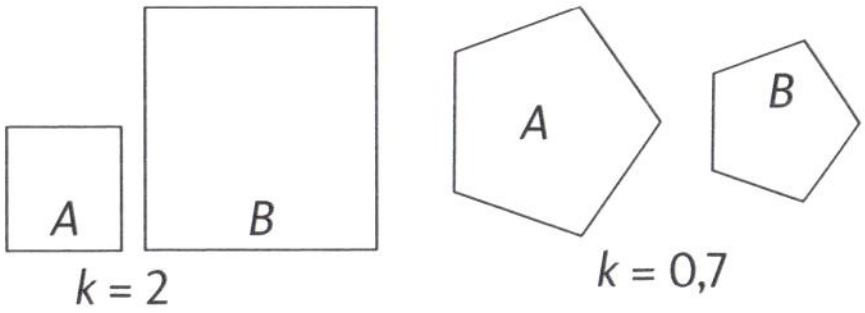

Vocabulaire :
- Si $k > 1$, on parle d'agrandissement.
- Si $k = 1$, on parle de reproduction.
- Si $0 < k < 1$, on parle de réduction.

Attention

Parler d'« agrandissement de rapport 0,5 » ou de « réduction de rapport 3 » n'a donc aucun sens.

B Lien avec l'homothétie

Propriété : Le triangle bleu est l'image du triangle rouge par l'homothétie de centre O et de rapport 3.
On peut donc dire que le triangle bleu est un agrandissement de rapport 3 du triangle rouge. (voir fiche n° 20)

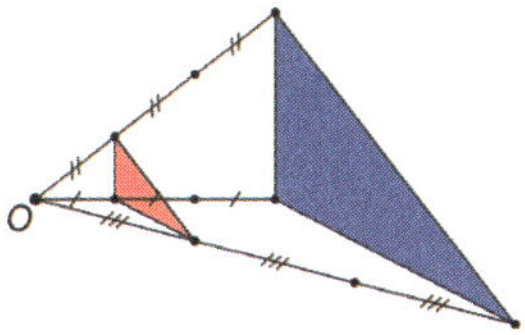

C Effet sur les différentes grandeurs

Propriété :
Lors d'un agrandissement ou réduction de rapport *k*,
- les longueurs sont multipliées par *k*.
- les aires sont multipliées par k^2.
- les volumes sont multipliés par k^3.

mes notes

2 Application

EXO

Cette photo représente la maquette d'un avion de chasse, réalisée à l'échelle $\frac{1}{72}$.

1. Donner une valeur approchée au millième près du rapport *k* de réduction entre l'avion réel et sa maquette.
2. L'envergure de l'avion réel est de 10,90 m. Donner une valeur approchée en mm de l'envergure de la maquette.
3. Le réservoir de l'avion réel contient 5 875 litres. Donner une valeur approchée en cm^3 du volume du réservoir de la maquette.

Solution

1. $k = \frac{1}{72} \approx 0{,}014$.

2. L'envergure est une longueur. Il faut donc multiplier l'envergure réelle par le rapport de réduction *k*.

$10{,}90 \times \frac{1}{72} \approx 0{,}151 \text{ m} \approx 151 \text{ mm}$

L'envergure de la maquette est donc environ de 151 mm.

3. Le volume doit être multiplié par k^3.

$5\,875 \times \left(\frac{1}{72}\right)^3 \approx 0{,}016$

Le réservoir de la maquette contient donc 0,016 litres, soit 16 cm^3.

L'échelle d'un modèle réduit ou d'une carte géographique correspond à un rapport de réduction, exprimé souvent sous forme d'une fraction.

Il est préférable d'utiliser la valeur exacte de *k* et non sa valeur approchée 0,014.

Formules de conversion :
1 litre = 1 dm^3 = 1000 cm^3
0,016 litres = $0{,}016 \times 1000 = 16$ cm^3

Mémo'Quiz

1. Un triangle d'aire 10 cm^2 est la réduction d'un triangle d'aire 90 cm^2.
Le rapport *k* vaut donc : ❑ 3 ❑ 9 ❑ $\frac{1}{3}$

2. Dans un agrandissement de rapport 5, le périmètre d'une figure est multiplié par : ❑ 5 ❑ 25 ❑ 125

3. Une boule de volume 459 litres subit une réduction de rapport $\frac{1}{3}$.
Son nouveau volume vaut : ❑ 68 ❑ 17 ❑ 34

4. Pour rendre l'aire d'une figure 2 fois plus grande, il faut lui faire subir un agrandissement de rapport : ❑ $\sqrt{2}$ ❑ $\frac{1}{2}$ ❑ 2

→ corrigés p. 95

MA carte mentale

Droites remarquables dans un triangle

Médiatrice

La médiatrice de [BC], c'est ……………

……………………………………………………

……………………………………………………

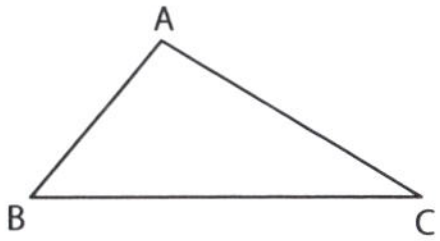

Hauteur

La hauteur issue de A, c'est ……………

……………………………………………………

……………………………………………………

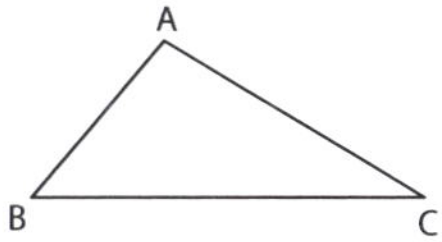

Médiane

La médiane issue de A, c'est ……………

……………………………………………………

……………………………………………………

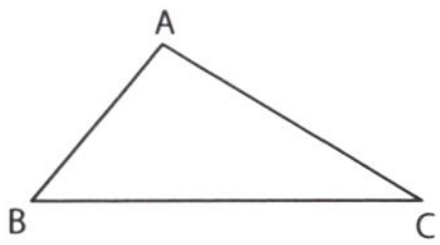

Bissectrice

La bissectrice de l'angle $\widehat{BAC}$, c'est

……………………………………………………

……………………………………………………

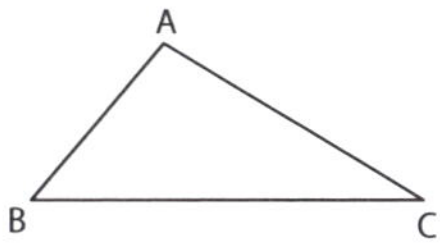

MES exemples

Propriétés de la médiatrice

- Si un point M appartient à la médiatrice de [AB], alors

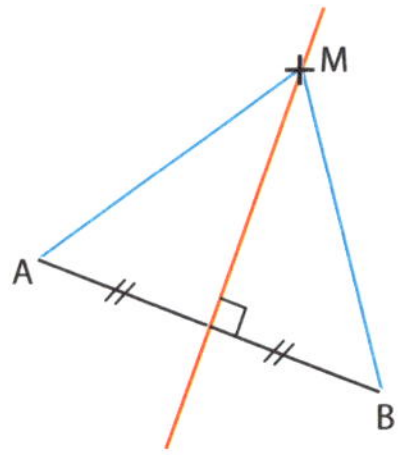

- Si un point M vérifie AM = BM, alors

Exemple

Pour construire le point O situé à égale distance des points E, F et G, je dois :

Utiliser le théorème de Thalès pour calculer une longueur

24

☐ Lue ☐ Relue ☐ Apprise

mes notes

1 L'essentiel du cours

A La bonne configuration

- Deux triangles sont dit **en configuration de Thalès** s'ils sont formés par deux droites **parallèles** coupant deux droites sécantes.

Exemple :

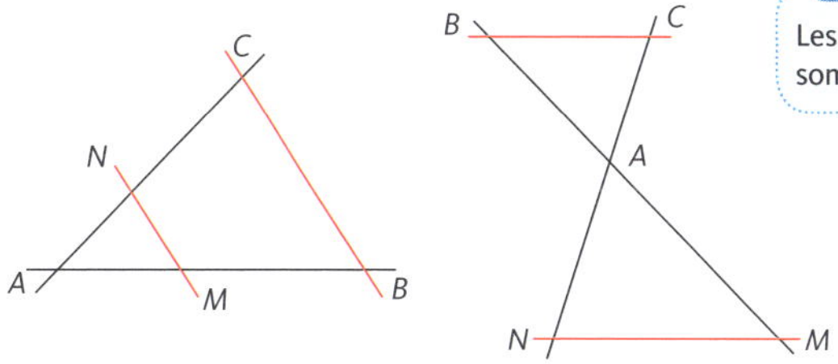

Aide

Les triangles ont des sommets **alignés**.

Les droites (MN) et (BC) sont parallèles.
Les triangles ABC et AMN sont en configuration de Thalès.

- Les triangles sont alors dans une relation d'**agrandissement-réduction** l'un de l'autre.

B Le théorème

Théorème de Thalès : Si deux triangles sont en configuration de Thalès, alors leurs côtés ont des longueurs **proportionnelles**.

À quoi ça sert ?

Le théorème de Thalès sert à **calculer des longueurs**.

- On traduit cela sous la forme d'une égalité de rapports :

Exemple :

$$\frac{AM}{AB} = \frac{AN}{AC} = \frac{MN}{BC}$$

Numérateurs ← 3 longueurs de AMN
Dénominateurs ← 3 longueurs de ABC

$\frac{AM}{AB}$: alignés ; $\frac{AN}{AC}$: alignés ; $\frac{MN}{BC}$: parallèles

Conseil

On a écrit le coefficient de proportionnalité, calculé pour chaque paire de côtés.

Remarque : Pour calculer ensuite des longueurs, on utilise le **produit en croix** :

$$\textbf{Si } \frac{a}{b} = \frac{c}{d}, \textbf{ alors } a \times d = b \times c.$$

On obtient alors par exemple $a = \frac{b \times c}{d}$ ou bien encore $b = \frac{a \times d}{c}$.

mes notes

2 Application

EXO **Sur la figure ci-contre, les droites (*AT*) et (*HS*) sont parallèles.**
On donne (en centimètres) :
$MA = 3$, $MH = 5$, $MS = 8{,}5$ et $AT = 4{,}2$.

Calculer les longueurs *MT* et *SH*.

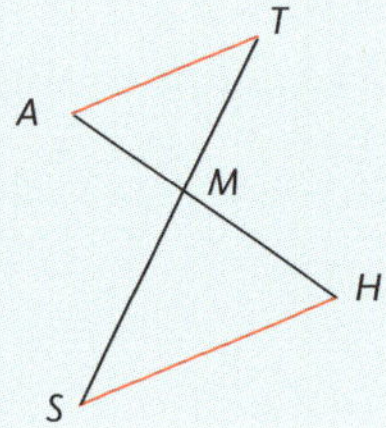

Solution

Les droites (*TS*) et (*AH*) sont sécantes en *M* et les droites (*AT*) et (*HS*) sont parallèles.
On peut donc appliquer le théorème de Thalès.
On obtient : $\frac{MA}{MH} = \frac{MT}{MS} = \frac{AT}{SH}$

Puis : $\frac{3}{5} = \frac{MT}{8{,}5} = \frac{4{,}2}{SH}$

Donc : $MT = \frac{3 \times 8{,}5}{5} = 5{,}1$

Et : $SH = \frac{4{,}2 \times 5}{3} = 7$

S'assurer d'abord que les triangles sont en configuration de Thalès.

Puis on peut ensuite citer le théorème utilisé.

- Écrire les rapports égaux, à l'aide uniquement des longueurs des triangles.
- Remplacer les longueurs connues.
- Utiliser le produit en croix pour calculer les longueurs demandées.

Mémo'Quiz

Sur la figure ci-contre :

1. Avec (*LE*) // (*HA*), on a : $\frac{TL}{TH} = \frac{TE}{TA} = \frac{HA}{LE}$

❑ Vrai ❑ Faux

2. Avec (*LE*) // (*SM*), on a : $\frac{ST}{SE} = \frac{MT}{ML} = \frac{SM}{LE}$

❑ Vrai ❑ Faux

3. Avec (*SM*) // (*HA*), on a : $\frac{TS}{TA} = \frac{TM}{TH} = \frac{SM}{HA}$

❑ Vrai ❑ Faux

4. $ST = 2{,}7$ ❑ Vrai ❑ Faux

5. $LE = 18{,}2$ ❑ Vrai ❑ Faux

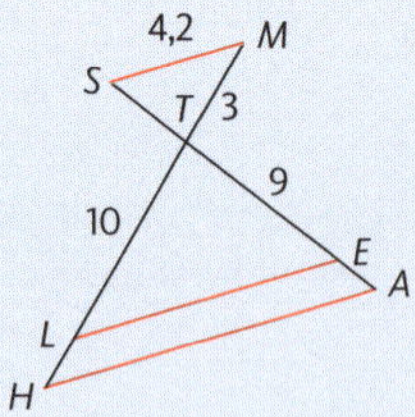

→ corrigés p. 95

Démontrer que deux droites sont parallèles

25

Lue Relue Apprise

mes notes

1 L'essentiel du cours

A La réciproque du théorème de Thalès

Théorème de Thalès (réciproque) : Si $M \in (AB)$ et $N \in (AC)$ tels que A, M, B d'une part et A, N, C d'autre part sont alignés dans le **même ordre**, et si $\frac{AM}{AB} = \frac{AN}{AC}$, alors les droites (MN) et (BC) sont parallèles.

Aide

Les rapports sont les mêmes que pour le théorème de Thalès.

Remarque :

- L'hypothèse « alignés dans le même ordre » est importante, comme le prouve l'exemple ci-contre.

Bien qu'ici $\frac{AM}{AB} = \frac{AN}{AC} = \frac{1}{3}$, l'ordre des points n'est pas respecté : le point N appartient au segment $[AC]$ mais M n'appartient pas au segment $[AB]$. Les droites (MN) et (BC) ne sont pas parallèles.

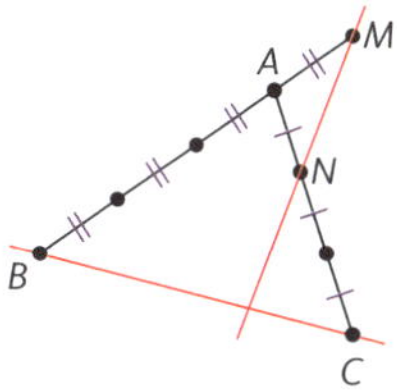

B Où les droites ne sont pas parallèles

Si les rapports ne sont pas égaux, les droites ne sont pas parallèles. Ce n'est alors pas la réciproque du théorème de Thalès qui s'applique (puisque celui-ci conclut par l'affirmative), mais le théorème lui-même !

2 Applications

EXO 1 **Démontrer que les droites (MN) et (BC) sont parallèles.**

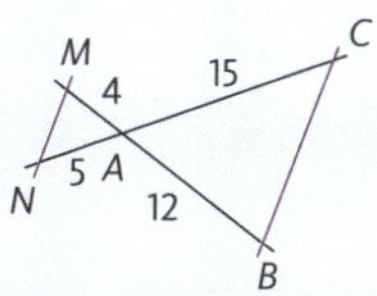

Solution

$\frac{AM}{AB} = \frac{4}{12} = \frac{1}{3}$

$\frac{AN}{AC} = \frac{5}{15} = \frac{1}{3}$

Donc $\frac{AM}{AB} = \frac{AN}{AC}$

Commencer par démontrer l'égalité, en prenant soin de calculer chaque rapport séparément.

mes notes

A, *M*, *B* et *A*, *N*, *C* sont alignés dans le **même ordre**.
D'après la réciproque du théorème de Thalès, les droites (*MN*) et (*BC*) sont parallèles.

- Penser à écrire que l'égalité est vraie. Puis vérifier l'ordre des points.
- Conclure grâce au théorème, en le citant.

EXO 2 **Les diagonales d'un quadrilatère *ABCD* se coupent en *O* de sorte que : $OA = 2$; $OB = 7$; $OC = 5$; $OD = 2{,}8$.
Ce quadrilatère possède-t-il deux côtés parallèles ?**

Solution

Testons les droites (*AB*) et (*DC*) :

$\frac{OA}{OC} = \frac{2}{5} = 0{,}4$

$\frac{OB}{OD} = \frac{7}{2{,}8} = 2{,}5$

Donc $\frac{OA}{OC} \neq \frac{OB}{OD}$

Or d'après le théorème de Thalès, si les droites (*AB*) et (*DC*) étaient parallèles, les rapports $\frac{OA}{OC}$ et $\frac{OB}{OD}$ seraient égaux.
Comme ils ne le sont pas, les droites (*AB*) et (*DC*) ne sont pas parallèles.
Testons les droites (*AD*) et (*BC*) :

$\frac{OA}{OC} = \frac{2}{5} = 0{,}4$

$\frac{OD}{OB} = \frac{2{,}8}{7} = 0{,}4$

Donc $\frac{OA}{OC} = \frac{OD}{OD}$

- Un schéma à main levée aide toujours à écrire les rapports à calculer :

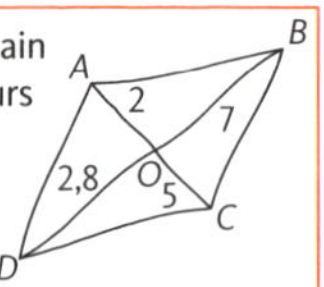

- Dans le premier cas, les rapports n'étant pas égaux, il n'est pas nécessaire de préciser l'ordre d'alignement des points.
- Dans le second cas, les résultats des rapports tombent juste, on peut donc utiliser une écriture décimale pour les comparer.
En revanche, si ce n'est pas le cas, il faut garder les formes fractionnaires, et les simplifier pour pouvoir les comparer.

De plus *A*, *O*, *C* d'une part, et *D*, *O*, *B* d'autre part, sont alignés dans le **même ordre**. D'après la réciproque du théorème de Thalès, les droites (*AD*) et (*BC*) sont parallèles.

Mémo'Quiz

Sur la figure ci-contre :

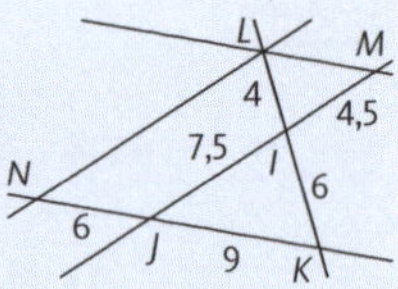

1. Pour prouver que (*LN*) et (*IJ*) sont parallèles, on compare $\frac{LI}{LK}$ et $\frac{NJ}{NK}$. ❑ Vrai ❑ Faux
2. (*LN*) et (*IJ*) sont parallèles. ❑ Vrai ❑ Faux
3. Pour prouver que (*LM*) et (*JK*) sont parallèles, on compare $\frac{IL}{IK}$ et $\frac{IM}{IJ}$. ❑ Vrai ❑ Faux
4. (*LM*) et (*JK*) sont parallèles. ❑ Vrai ❑ Faux

→ corrigés p. 95

MON récap'

Le théorème de Thalès

- Configurations :

- Énoncé :

....

....

- J'utilise le théorème de Thalès pour :

....

....

La réciproque du théorème de Thalès

- Configurations :

- Énoncé :

....

....

- J'utilise la réciproque du théorème de Thalès pour :

....

....

MES exemples

Le théorème de Thalès

Je sais que (MN) // (RS)

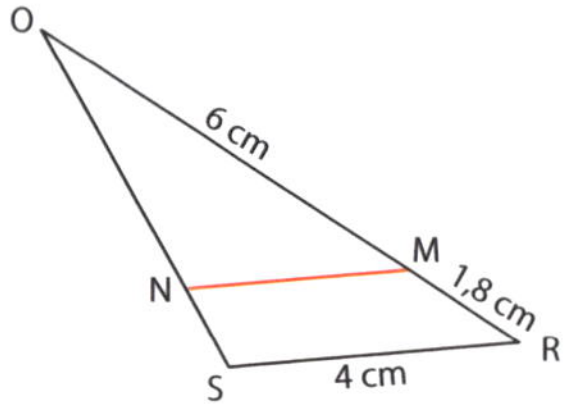

Je dois calculer MN.

La réciproque du théorème de Thalès

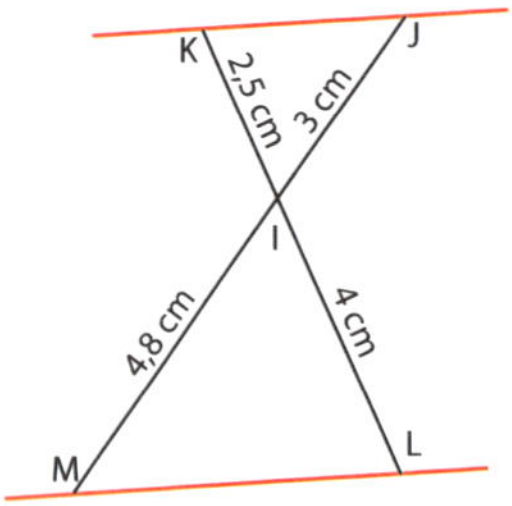

Je dois déterminer si les droites rouges sont parallèles.

Utiliser le théorème de Pythagore pour calculer une longueur

26

Lue Relue Apprise

mes notes

1 L'essentiel du cours

A Théorème de Pythagore

Propriété : Si un triangle est rectangle, alors le carré de la longueur de l'hypoténuse est égal à la somme des carrés des longueurs de deux autres côtés.

Vocabulaire

L'hypoténuse d'un triangle rectangle est le côté opposé à l'angle droit. C'est le plus grand côté du triangle.

Exemple : D'après le codage, le triangle ABC ci-contre est rectangle en A. Le théorème de Pythagore donne donc la relation :

$$\boxed{BC^2 = AB^2 + AC^2}$$

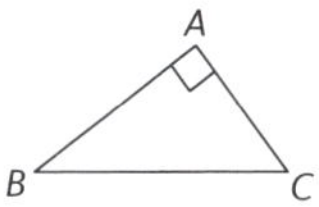

B Calculer la longueur d'une hypoténuse

Calcul de *QR* :

D'après le codage, le triangle PQR est rectangle en P.
D'après le théorème de Pythagore,

$$\begin{aligned} QR^2 &= PR^2 + PQ^2 \\ &= 4^2 + 6^2 \\ &= 16 + 36 \\ &= 52 \end{aligned}$$

donc $QR = \sqrt{52} \approx 7{,}2$ cm

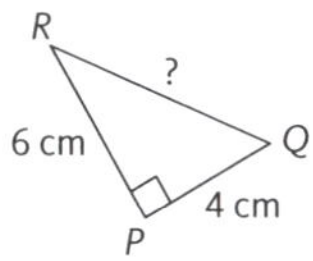

C Calculer la longueur d'un côté autre que l'hypoténuse

Calcul de *MN* :

D'après le codage, le triangle MNK est rectangle en M.
D'après le théorème de Pythagore,

$$\begin{aligned} NK^2 &= MK^2 + MN^2 \\ 7^2 &= 5^2 + MN^2 \\ MN^2 &= 49 - 25 \\ &= 24 \end{aligned}$$

donc $MN = \sqrt{24} \approx 4{,}9$ cm

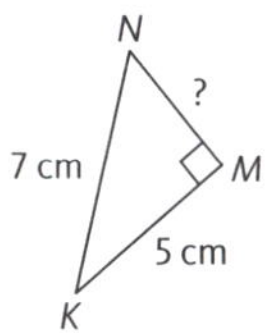

mes notes

2 Application

EXO **1. Calculer, au dixième près, la valeur de *BC*.**

2. Calculer la valeur exacte de *BD*.

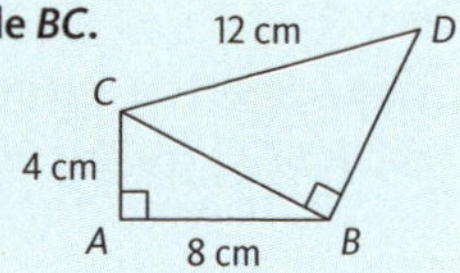

Solution

1. Le triangle *ABC* est rectangle en *A*.
D'après le théorème de Pythagore,
$BC^2 = AB^2 + AC^2$
$= 8^2 + 4^2$
$= 64 + 16$
$= 80$
Donc $BC = \sqrt{80} \approx 8{,}9$ cm.

2. Le triangle *BCD* est rectangle en *B*.
D'après le théorème de Pythagore,
$CD^2 = BC^2 + BD^2$
Or, d'après la question **1**, $BC^2 = 80$.
donc $12^2 = 80 + BD^2$
$BD^2 = 144 - 80$
$BD^2 = 64$
Donc $BD = \sqrt{64} = 8$ cm.

- Ne jamais oublier de préciser (après l'avoir éventuellement démontré) que le triangle est rectangle, et en quel point.
- Pour arrondir un nombre au dixième, on regarde si le chiffre des centièmes est supérieur ou inférieur à 5, pour arrondir au-dessus ou au-dessous.
- Toujours écrire l'égalité de Pythagore telle qu'elle est donnée par le théorème (avec l'hypoténuse en premier).
- Il est très important de réinjecter la valeur exacte de BC^2, et non pas sa valeur approchée. Il est sinon impossible d'avoir la valeur exacte de *BD* !

Mémo'Quiz

1. **La diagonale d'un carré de côté 1 cm mesure :**

❑ 1 cm ❑ 1,4 cm ❑ $\sqrt{2}$ cm

2. **La diagonale d'un rectangle de côtés 4 cm et 5 cm mesure :**

❑ 9 cm ❑ $\sqrt{9}$ cm ❑ $\sqrt{41}$ cm

3. **Le côté d'un carré de diagonale 10 cm mesure :**

❑ environ 7 cm ❑ environ 5 cm ❑ environ 14 cm

4. **La diagonale d'un cube de côté 1 cm mesure :**

❑ $\sqrt{2}$ cm ❑ $\sqrt{3}$ cm ❑ 2 cm

→ corrigés p. 95

Déterminer si un triangle est rectangle

27

Lue Relue Apprise

mes notes

1 L'essentiel du cours

A Réciproque du théorème de Pythagore

Propriété : Dans un triangle, si le carré de la longueur du plus grand côté est égal à la somme des carrés des longueurs des deux autres côtés, alors ce triangle est rectangle.

Vocabulaire
On ne peut pas parler d'« hypoténuse » avant d'avoir prouvé que le triangle est rectangle.

B Déterminer si un triangle est rectangle

Méthode :
- On observe le plus grand côté du triangle : c'est lui qui sera l'hypoténuse éventuelle du triangle.
- On calcule le carré de la longueur de l'hypoténuse éventuelle.
- Séparément, on calcule la somme des carrés des longueurs des deux autres côtés.
- On écrit alors l'égalité (avec un signe =) ou l'inégalité (avec un signe ≠) entre les deux valeurs obtenues.
- En cas d'égalité, on en conclut que le triangle est rectangle. En cas d'inégalité, le triangle n'est pas rectangle.

Exemple 1 :

L'hypoténuse éventuelle du triangle ABC est $[BC]$.
$BC^2 = 5^2 = 25$
$AB^2 + AC^2 = 4^2 + 3^2 = 16 + 9 = 25$
On constate donc que $BC^2 = AB^2 + AC^2$.
D'après la réciproque du théorème de Pythagore, le triangle ABC est rectangle en A.

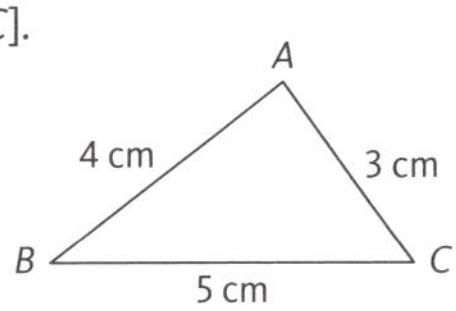

Remarque : Il n'est pas obligatoire de parler de la « réciproque » du théorème de Pythagore. Écrire « d'après le théorème de Pythagore » est suffisant dans tous les cas.

Exemple 2 :

L'hypoténuse éventuelle du triangle PQR est $[RQ]$.
$RQ^2 = 7^2 = 49$
$PR^2 + PQ^2 = 5^2 + 4^2 = 25 + 16 = 41$
On constate donc que $RQ^2 \neq PR^2 + PQ^2$.
D'après le théorème de Pythagore, le triangle PQR n'est pas rectangle.

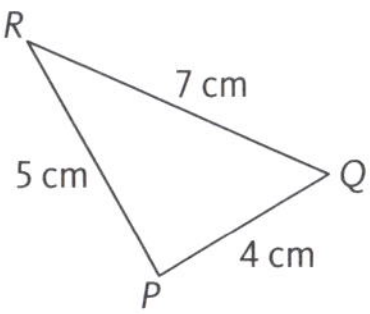

mes notes

2 Application

EXO **Le triangle *BCD* est-il rectangle ?**

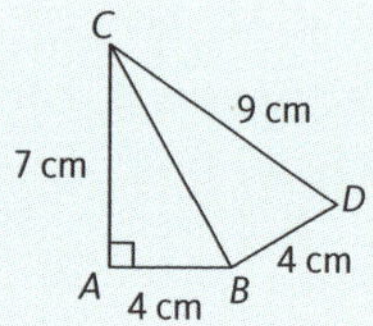

Solution

Pour pouvoir déterminer si le triangle *BCD* est rectangle, il faut connaître la longueur *BC*.
Calculons donc *BC*. Le triangle *ABC* est rectangle en *A*. D'après le théorème de Pythagore,

$BC^2 = AC^2 + AB^2$
$= 7^2 + 4^2 = 65$

Donc $BC = \sqrt{65}$ cm

Il est maintenant possible de déterminer si le triangle *BCD* est rectangle.
L'hypoténuse éventuelle est *CD*.

$CD^2 = 9^2 = 81$

$BC^2 + BD^2 = (\sqrt{65})^2 + 4^2 = 65 + 16 = 81$

On constate donc que $CD^2 = BC^2 + BD^2$.
D'après la réciproque du théorème de Pythagore, le triangle *BCD* est donc rectangle en *B*.

> Il est nécessaire de connaître les trois longueurs du triangle pour essayer d'appliquer la réciproque du théorème de Pythagore.

> Il est impératif de garder la valeur exacte de *BC*.

> Bien penser à séparer le calcul de CD^2 et $BC^2 + BD^2$.
> Utiliser la valeur exacte de *BC*.

Mémo'Quiz

1. Un triangle dont les côtés mesurent 4 cm, 7 cm et 4 cm est :

❑ rectangle ❑ isocèle ❑ isocèle et rectangle

2. Un parallélogramme dont les côtés mesurent 3 cm et 4 cm, et dont une diagonale mesure 5 cm, est un :

❑ rectangle ❑ losange ❑ carré

3. Parmi les trois triplets de valeurs suivants, un seul correspond aux mesures des trois côtés d'un triangle rectangle. C'est :

❑ 3-4-7 ❑ 11-13-17 ❑ 9-12-15

➜ corrigés p. 95

MON récap'

Le théorème de Pythagore

- Configuration :

- Énoncé :

....

....

- J'utilise le théorème de Pythagore pour :

....

....

La réciproque du théorème de Pythagore

- Configuration :

- Énoncé :

....

....

- J'utilise la réciproque du théorème de Pythagore pour :

....

....

MES exemples

Le théorème de Pythagore

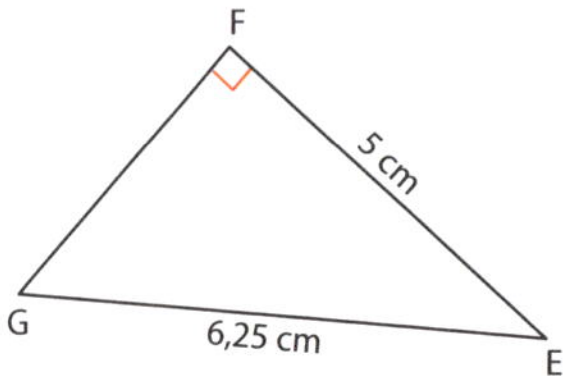

Je dois calculer FG.

La réciproque du théorème de Pythagore

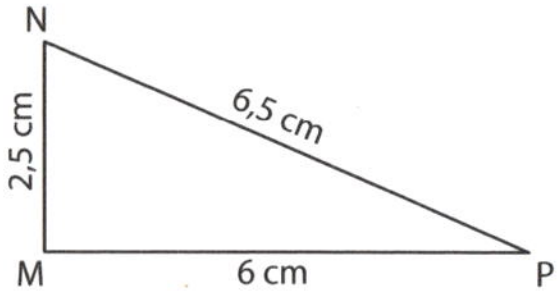

Je dois déterminer si le triangle MNP est rectangle en M.

Calculer une mesure d'angle grâce à la trigonométrie

28

Lue Relue Apprise

mes notes

1 L'essentiel du cours

A Cosinus, sinus, tangente

Définitions :

Dans un triangle rectangle, on définit le cosinus, sinus et tangente d'un angle α par les formules :

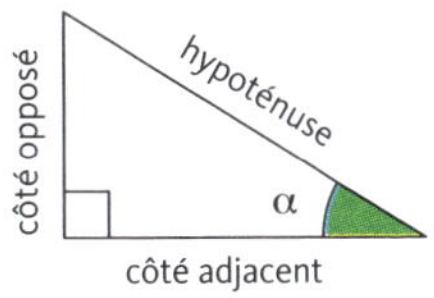

- $\cos(\alpha) = \dfrac{\text{longueur du côté adjacent}}{\text{longueur de l'hypoténuse}}$
- $\sin(\alpha) = \dfrac{\text{longueur du côté opposé}}{\text{longueur de l'hypoténuse}}$
- $\tan(\alpha) = \dfrac{\text{longueur du côté opposé}}{\text{longueur du côté adjacent}}$

Exemple : Dans le triangle rectangle *ABC*,

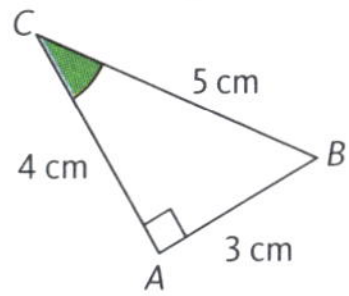

- $\cos(\widehat{ACB}) = \dfrac{4}{5} = 0{,}8$
- $\sin(\widehat{ACB}) = \dfrac{3}{5} = 0{,}6$
- $\tan(\widehat{ACB}) = \dfrac{3}{4} = 0{,}75$

B Utiliser une calculatrice pour retrouver un angle

Les calculatrices permettent de calculer le cosinus (ou sinus, ou tangente) d'un angle, mais aussi de trouver à quel angle correspond un cosinus (ou sinus, ou tangente) donné.

Exemple : Retrouvons la mesure de l'angle $\widehat{ACB}$ de l'exercice précédent :
On sait que $\cos(\widehat{ACB}) = 0{,}8$.

Pour « inverser » le cosinus grâce à la calculatrice, on utilise le touche [Inv] (touche en haut à gauche de votre calculatrice, parfois nommée [2nde] ou [Shift])
On tape donc [Inv] [cos] [0] [.] [8]

Calculatrice
Vérifiez que votre calculatrice est bien en mode « degrés ».

L'écran de la calculatrice affiche [36.86989765], qui est une valeur approchée de l'angle aigu ayant pour cosinus 0,8.
On peut donc dire que l'angle $\widehat{ACB}$ est environ égal à 37 °.

Remarque : La calculatrice nous aurait donné le même résultat si on avait cherché à trouver l'angle $\widehat{ACB}$ par la valeur de son sinus (0,6) ou de sa tangente (0,75).
Il suffit de taper l'instruction [Inv] [sin] [0] [.] [6] ou bien [Inv] [tan] [0] [.] [7] [5]

mes notes

2 Application

EXO **Quelle est la mesure de l'angle $\widehat{ACD}$?**

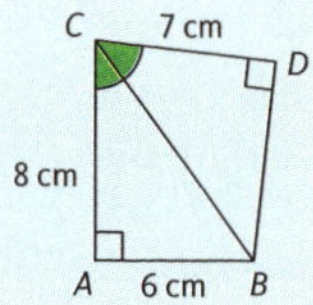

Solution

$\widehat{ACD} = \widehat{ACB} + \widehat{BCD}$

- Calcul de $\widehat{ACB}$:

Dans le triangle rectangle ACB, $\tan(\widehat{ACB}) = \dfrac{AB}{AC} = \dfrac{6}{8} = 0{,}75$.

Avec la calculatrice, on trouve donc $\widehat{ACB} \approx 37°$

- Calcul de $\widehat{BCD}$:

D'après le théorème de Pythagore dans le triangle rectangle CAB, $BC^2 = AB^2 + AC^2 = 6^2 + 8^2 = 100$, d'où $BC = 10$ cm.

Dans le triangle rectangle CDB, $\cos(\widehat{BCD}) = \dfrac{CD}{CB} = \dfrac{7}{10} = 0{,}7$

Avec la calculatrice, on trouve donc $\widehat{BCD} \approx 46\,°$

- $\widehat{ACD} = \widehat{ACB} + \widehat{BCD} \approx 83°$

> • Les côtés dont on connaît les mesures ([AB] et [AC]) sont le côté opposé et le côté adjacent : ils permettent donc de trouver la tangente de l'angle $\widehat{ACB}$.
>
> • Taper : [Inv] [tan] [0] [.] [7] [5].

> Toujours penser au théorème de Pythagore dans le triangle rectangle : si on connaît deux longueurs, on peut calculer la troisième.

> On ajoute les deux mesures calculées : la valeur est une valeur approchée.

Mémo'Quiz

1. L'angle aigu dont le cosinus vaut 0,5 est :

❑ 30° ❑ 50° ❑ 60°

2. L'angle aigu dont la tangente vaut 1 est :

❑ 0° ❑ 45° ❑ 90°

3. Dans un triangle rectangle dont les côtés mesurent 8 cm, 15 cm et 17 cm, le plus petit angle mesure :

❑ environ 28° ❑ environ 62° ❑ environ 0,47°

→ corrigés p. 95

Calculer une longueur grâce à la trigonométrie

29

Lue Relue Apprise

mes notes

1 L'essentiel du cours

A Rappels

Produit en croix : Si $\frac{a}{b} = \frac{c}{d}$, alors $a \times d = b \times c$

- **Conséquence :** Si $k = \frac{a}{b}$, alors $k \times b = a$. Cette relation va être utilisée ci-dessous.

L'astuce du prof

Il suffit d'écrire : $k = \frac{k}{1}$ et de faire un produit en croix.

Formules de trigonométrie :

- $\cos = \frac{\text{côté adjacent}}{\text{hypoténuse}}$
- $\sin = \frac{\text{côté opposé}}{\text{hypoténuse}}$
- $\tan = \frac{\text{côté opposé}}{\text{côté adjacent}}$

B Calculer une longueur dans un triangle rectangle

Dans un triangle rectangle, il suffit de connaître la longueur d'un côté et la mesure d'un angle (autre que l'angle droit) pour pouvoir calculer la longueur des deux autres côtés.

Exemple 1 :

Calculons la longueur du côté $[AB]$:
Le côté $[AB]$ est le côté adjacent de l'angle qui est connu. Comme on connaît aussi la longueur de l'hypoténuse, on va utiliser la formule du cosinus :

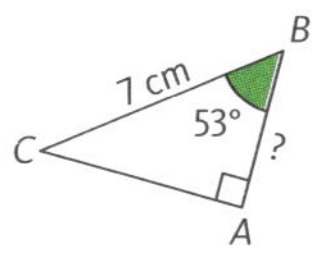

$\cos(\widehat{ABC}) = \frac{AB}{BC}$, donc $\cos(53) = \frac{AB}{7}$

On a donc $\cos(53) \times 7 = AB$.
Finalement, à l'aide de la calculatrice, $AB = \cos(53) \times 7 \approx 4{,}2$ cm.

Exemple 2 :

Calculons la longueur du côté $[RP]$:
Le côté $[RP]$ est le côté adjacent de l'angle qui est connu. Comme on connaît aussi la longueur du côté opposé, on va utiliser la formule de la tangente :

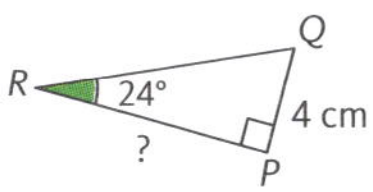

$\tan(\widehat{PRQ}) = \frac{QP}{RP}$, donc $\tan(24) = \frac{4}{RP}$

On a donc $\tan(24) \times RP = 4$.

Ce qui donne $RP = \frac{4}{\tan(24)}$.

Finalement, à l'aide la calculatrice, $RP \approx 9$ cm.

mes notes

2 Application

EXO **1. Donner un arrondi au dixième de la longueur *AC*.**

2. En déduire un arrondi au dixième de la longueur *CB*.

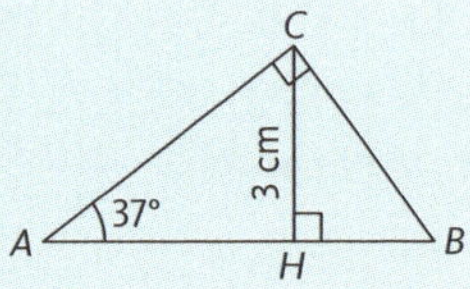

Solution

1. Dans le triangle rectangle AHC, $\sin(\widehat{HAC}) = \frac{CH}{AC}$.

Donc $\sin(37) = \frac{3}{AC}$,

d'où $\sin(37) \times AC = 3$,

et donc $AC = \frac{3}{\sin(37)} \approx 4{,}98$ cm.

L'arrondi au dixième de *AC* est donc 5,0 cm.

> On commence par travailler dans le triangle *AHC* car on ne connaît aucune longueur du triangle *ABC*.

> • Attention : comme il est demandé un arrondi au dixième, il faut impérativement donner un résultat avec un chiffre après la virgule (ici, 0).
>
> • Il est maintenant possible de travailler dans le triangle *ABC* car on connaît la longueur *AC*.

2. Dans le triangle rectangle *ABC*, $\tan(\widehat{BAC}) = \frac{CB}{AC}$.

Donc $\tan(37) \approx \frac{CB}{5}$,

d'où $CB \approx 5 \times \tan(37) \approx 3{,}76$.

L'arrondi au dixième de *CB* est donc 3,8 cm.

> Une autre méthode de calcul de *CB* est possible en utilisant le sinus de l'angle $\widehat{HBC}$.

Mémo'Quiz

On considère la figure de l'exercice d'application précédent.

1. Dans le triangle *AHC*, $\tan(\widehat{HAC})$ est égal à :

❑ $\frac{CH}{AC}$ ❑ $\frac{CH}{AH}$ ❑ $\frac{CH}{CB}$

2. La longueur du côté [AH] est égale à :

❑ $\frac{CH}{\tan(37)}$ ❑ $\frac{\tan(37)}{CH}$ ❑ $CH \times \tan(37)$

3. Une seule des égalités ci-dessous est vraie :

❑ $BC = AB \times \sin(37)$ ❑ $BC = \frac{AB}{\sin(37)}$ ❑ $BC = \frac{\sin(37)}{AB}$

➜ corrigés p. 95

MON récap'

Trigonométrie dans le triangle rectangle

- cos $\widehat{A}$ = colle ton sticker
- sin $\widehat{A}$ = colle ton sticker
- tan $\widehat{A}$ = colle ton sticker

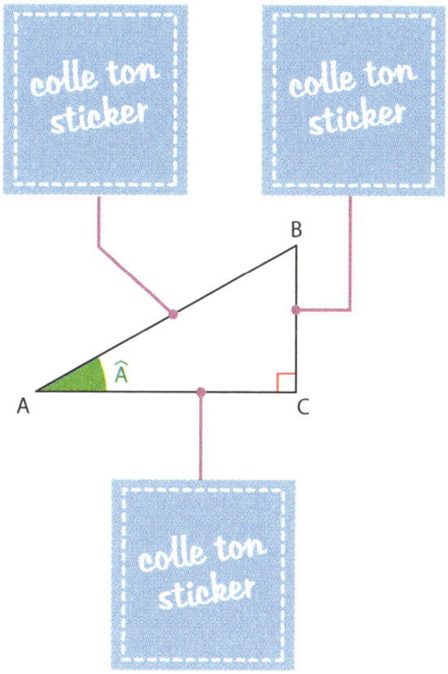

- J'utilise la trigonométrie dans le triangle rectangle :

→ Soit pour ....

....

→ Soit pour ....

....

MES exemples

Exemple 1

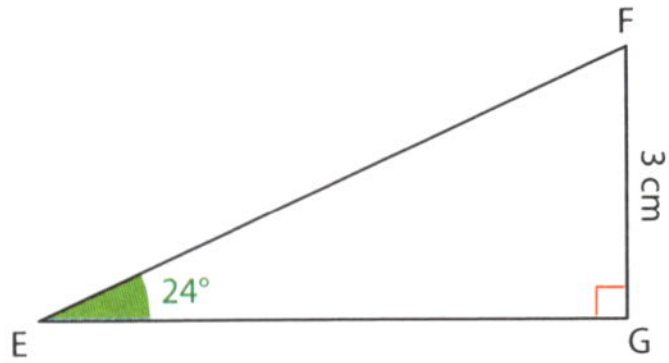

Je dois calculer EF :

...

À la calculatrice,

Je tape ...

À la calculatrice,

Je tape ...

Exemple 2

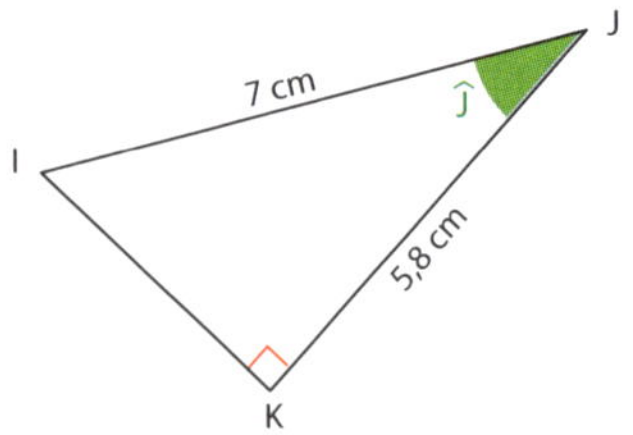

Je dois calculer la mesure de l'angle $\hat{J}$:

...

À la calculatrice,

Je tape ...

À la calculatrice,

Je tape ...

Cas d'égalité des triangles

30

Lue Relue Apprise

mes notes

1 L'essentiel du cours

A Définitions

Triangles égaux : On dit que deux triangles sont égaux (ou **isométriques**) si leurs trois côtés ont respectivement même longueur.

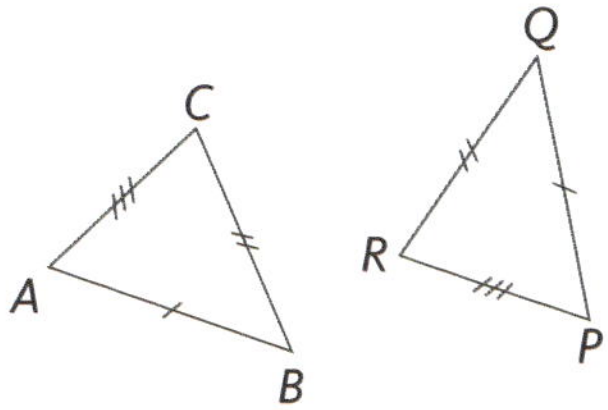

Exemple : Les triangles *ABC* et *PQR* sont égaux, car d'après le codage,
AC = *PR* ; *AB* = *PQ* ; *BC* = *QR*

Correspondance des points :

Triangle *ABC*	*A*	*B*	*C*
Triangle *PQR*	*P*	*Q*	*R*

Conséquences :
- Deux triangles égaux sont donc superposables, éventuellement en retournant l'un d'entre eux.
- Si deux triangles sont égaux, alors ils ont les mêmes angles.
Attention, la réciproque est fausse !

B Cas d'égalité

Propriété 1 : Si deux triangles ont un angle de même mesure compris entre deux côtés respectivement de même mesure, alors ils sont égaux.

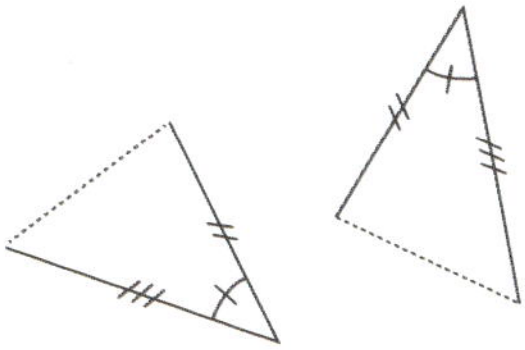

Remarque : Cette propriété traduit le fait que lorsqu'on construit un triangle, celui-ci est parfaitement déterminé lorsqu'on a tracé deux côtés et l'angle qu'ils forment.

Propriété 2 : Si deux triangles ont un côté de même longueur adjacent à deux angles respectivement de même mesure, alors ils sont égaux.

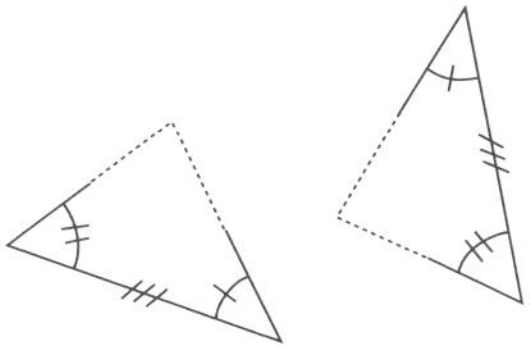

Remarque : Cette propriété traduit le fait que lorsqu'on construit un triangle, celui-ci est parfaitement déterminé lorsqu'on a tracé un côté et les deux angles adjacents à ce côté.

mes notes

2 Application

EXO **On considère un parallélogramme *ABCD* de centre *O*. Le point *M* est un point quelconque du segment [*AD*], et *N* est le point d'intersection de la droite (*MO*) et du segment [*BC*].**

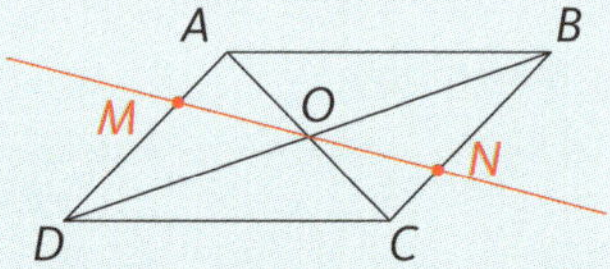

1. Prouver que les triangles *OAM* et *OCN* sont égaux.
2. En déduire que *AM* = *CN*.

Solution

1. Utilisons la propriété 2 :

- *O* est le milieu de [AC] donc *OA* = *OC*.
- $\widehat{AOM} = \widehat{CON}$ car ces angles sont opposés par le sommet.
- $\widehat{OAM} = \widehat{OCN}$ car ces angles sont alternes-internes.

D'après la propriété 2, les triangles *OAM* et *OCN* sont égaux.

2. Comme les triangles *OAM* et *OCN* sont égaux, les côtés ont respectivement la même mesure. En particulier, *AM* = *CN*.

Dans un parallélogramme, les diagonales se coupent en leur milieu.

(*MN*) coupe les deux parallèles (*AD*) et (*BC*) en formant des angles égaux qu'on appelle alternes-internes.

On peut faire correspondre dans un tableau les points jouant le même rôle :

Triangle *OAM*	*O*	*A*	*M*
Triangle *OCN*	*O*	*C*	*N*

Mémo'Quiz

On considère deux triangles égaux *PTZ* et *KLM* dont la correspondance des points est

Triangle *PTZ*	***P***	***T***	***Z***
Triangle *KLM*	***K***	***L***	***M***

1. Les angles $\widehat{PZT}$ et $\widehat{KML}$ sont égaux. ❑ Vrai ❑ Faux
2. Les angles $\widehat{LMK}$ et $\widehat{ZTP}$ sont égaux. ❑ Vrai ❑ Faux
3. Si $\widehat{LMK} = 90°$, alors $ZT^2 + ZP^2 = PT^2$ ❑ Vrai ❑ Faux
4. Si $PT = TZ$, alors $\widehat{LKM} = \widehat{LMK}$. ❑ Vrai ❑ Faux

→ corrigés p. 95

Triangles semblables

31

Lue Relue Apprise

mes notes

1 L'essentiel du cours

A Définitions

Triangles semblables : On dit que deux triangles sont semblables (ou de même forme) si leurs angles ont respectivement la même mesure.

Exemple : Les triangles ABC et PQR sont semblables, car d'après le codage,

$\widehat{BAC} = \widehat{QPR}$

$\widehat{ACB} = \widehat{PRQ}$

$\widehat{CBA} = \widehat{RQP}$

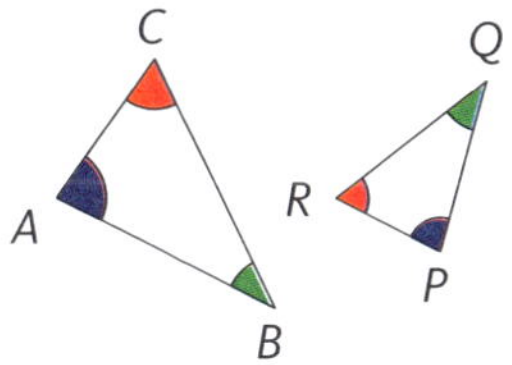

Remarque

Comme il n'y a pas de risque de confusion, on peut écrire plus simplement :

$\widehat{A} = \widehat{P}$

$\widehat{C} = \widehat{R}$

$\widehat{B} = \widehat{Q}$

Il est conseillé d'écrire ensuite la correspondance des points :

Triangle ABC	A	B	C
Triangle PQR	P	Q	R

Remarque : Il suffit de prouver que deux angles sont respectivement de même mesure : le troisième angle sera forcément identique grâce à la propriété de la somme des angles d'un triangle.

B Triangles semblables et proportionnalité des côtés

Propriété : Si deux triangles sont semblables, alors leurs côtés respectifs ont des longueurs proportionnelles.

Exemple : Avec les triangles de l'exemple précédent, on peut écrire :

$$\frac{AB}{PQ} = \frac{AC}{PR} = \frac{BC}{QR}$$

Propriété (réciproque) : Si deux triangles ont des côtés de longueurs respectivement proportionnelles, alors ces deux triangles sont semblables.

Conséquences : On retrouve des triangles semblables dans :
- les configurations de Thalès (voir fiche n° 24) ;
- les homothéties (voir fiche n° 20) ;
- les agrandissements-réductions (voir fiche n° 23).

Dans toutes ces situations, on pourra donc utiliser des triangles semblables pour démontrer que les angles des triangles sont respectivement de même mesure.

mes notes

2 Application

EXO **1. Démontrer que les triangles *ABC* et *AKC* sont semblables. Donner la correspondance des points dans un tableau.**
2. En déduire que $AC^2 = BC \times KC$.

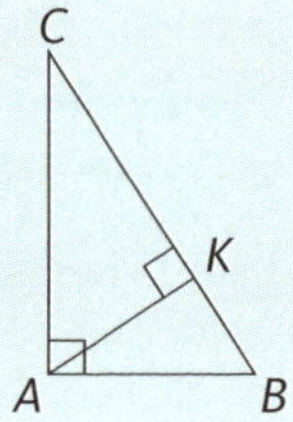

Solution

1. Montrons que deux angles de ces deux triangles sont respectivement égaux.

- $\widehat{BAC} = \widehat{CKA} = 90°$
- $\widehat{BCA} = \widehat{KCA}$

Les triangles ABC et AKC sont donc semblables.
Le tableau de correspondance est :

Triangle *ABC*	*A*	*B*	*C*
Triangle *AKC*	*K*	*A*	*C*

Seuls deux angles sont suffisants : le troisième angle sera forcément identique (voir page précédente).

Le tableau s'obtient en ne gardant que la lettre centrale de chaque égalité d'angle.
Le tableau aide à ne pas faire d'erreurs sur les points : il suffit de répérer le point correspondant au point choisi.

2. Les côtés de deux triangles semblables étant proportionnels, on a :

$$\frac{AC}{KC} = \frac{BC}{AC}$$

Par produit en croix, on trouve donc :
$AC \times AC = KC \times BC$ donc $AC^2 = KC \times BC$

Mémo'Quiz

On considère deux triangles semblables *ABC* et *KLM* dont la correspondance des points est

Triangle *ABC*	***A***	***B***	***C***
Triangle *KLM*	***K***	***L***	***M***

1. $\frac{AB}{KL} = \frac{AC}{KM}$ ❑ Vrai ❑ Faux

2. $\widehat{ACB} = \widehat{KLM}$ ❑ Vrai ❑ Faux

3. Si $AB = KL$, alors les triangles *ABC* et *KLM* sont égaux. ❑ Vrai ❑ Faux

4. Si $AB = 2 \times KL$, alors le triangle *ABC* est un agrandissement de rapport 2 du triangle *KLM*. ❑ Vrai ❑ Faux

→ corrigés p. 95

MON cours

Triangles égaux

Deux triangles sont dits égaux (ou isométriques) lorsque :

....

....

....

- **Propriété 1**

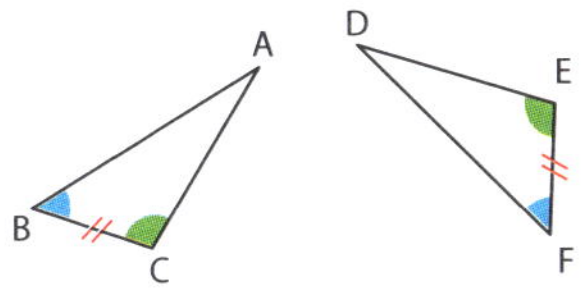

Les triangles ABC et DEF sont égaux car ....

....

....

- **Propriété 2**

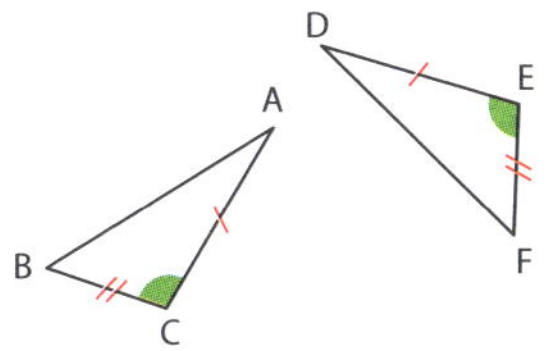

Les triangles ABC et DEF sont égaux car ....

....

....

MON cours

Triangles semblables

Deux triangles sont dits semblables (ou de même forme) lorsque :

....

....

- **Propriété 1**

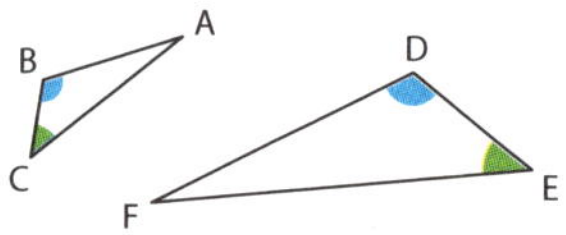

Les triangles ABC et DEF sont semblables car

....

....

- **Propriété 2**

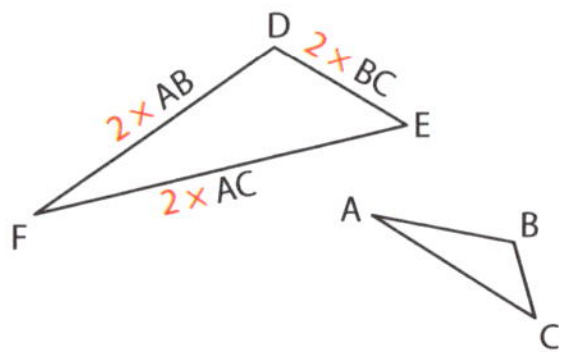

Les triangles ABC et DEF sont semblables car

....

....

Les triangles ABC et DEF ci-dessus sont semblables, donc le tableau ci-dessous est un tableau de proportionnalité.

Longueur	AB	BC	AC
Longueur	DF	....	....

Calculer le volume d'un solide

32

Lue Relue Apprise

mes notes

1 L'essentiel du cours

A Volume des solides usuels

Cylindre	Cône de révolution	Pyramide	Boule
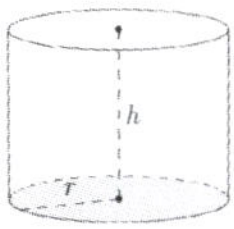	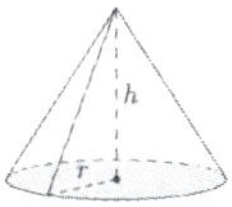	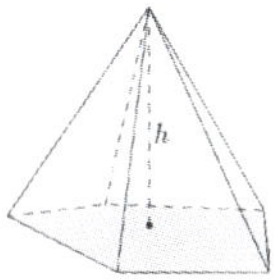	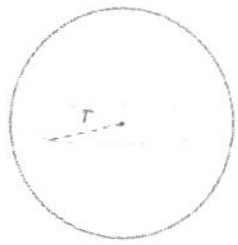
$\mathcal{V} = \pi \times r^2 \times h$	$\mathcal{V} = \dfrac{\pi \times r^2 \times h}{3}$	$\mathcal{V} = \dfrac{\mathcal{B} \times h}{3}$	$\mathcal{V} = \dfrac{4}{3} \times \pi \times r^3$

où r désigne le rayon, h la hauteur et $\mathcal{B}$ l'aire de la base.

B Volume des solides usuels

Propriété : Lors d'un agrandissement ou d'une réduction de rapport k, le volume d'un solide est multiplié par k^3.

Exemples :

- Si on double les dimensions d'un solide, son volume est multiplié par $2^3 = 8$.
- Une maquette à l'échelle $\dfrac{1}{5}$ a un volume égal à $\dfrac{1}{125}$ du volume initial.

L'astuce du prof

Aire, 2 dimensions : k^2.
Volume, 3 dimensions : k^3.

2 Applications

EXO 1 **Calculer le volume du cornet de glace ci-contre, composé d'un cône et d'une demi-boule, sachant que le rayon de la boule de glace est de 2 cm et que la hauteur du cône est de 10 cm.**

Solution

- **Volume de la demi-boule :**

$$\frac{1}{2} \times \frac{4\pi \times 2^3}{3} = \frac{16\pi}{3}$$

Pour les volumes également, on procède par « découpage » en solides dont on sait calculer les volumes.

mes notes

- **Volume du cône :** $\frac{\pi \times 2^2 \times 10}{3} = \frac{40\pi}{3}$
- **Volume du cornet :** $\frac{16\pi}{3} + \frac{40\pi}{3} = \frac{56\pi}{3} \approx 59\ \text{cm}^3$

EXO 2 **Un ballon de football doit avoir un diamètre de 22 cm.**
1. Calculer son volume $\mathcal{V}$, arrondi au cm^3 près.
2. Une balle de tennis a un rayon 3,4 fois plus petit que celui du ballon de football.
En déduire le volume $\mathcal{V}'$ d'une balle de tennis, arrondi au cm^3 près.

Solution

1. $\mathcal{V} = \frac{4}{3} \times \pi \times \left(\frac{22}{2}\right)^3$

$\mathcal{V} = \frac{4}{3} \times \pi \times 11^3$

$\mathcal{V} = \frac{5324\,\pi}{3} \approx 5575\ \text{cm}^3$

Attention à ne pas confondre le diamètre et le rayon. Il faut ici commencer par calculer le rayon, puisque c'est lui qui intervient dans la formule.

2. $\mathcal{V}' = \left(\frac{1}{3{,}4}\right)^3 \times \mathcal{V}$

$\mathcal{V}' = \frac{1}{39{,}304} \times 5575 \approx 142\ \text{cm}^3$

On est dans le cas d'une réduction, avec un rapport de $\frac{1}{3{,}4}$.

Mémo'Quiz

1. Si on divise toutes les longueurs d'un solide par 10, son volume est divisé par :

❑ 10 ❑ 100 ❑ 1000

2. Un ballon de basketball a un rayon 1,1 fois plus grand que celui du ballon de football. Le volume d'un ballon de basketball, arrondi au cm^3 près, est :

❑ 7420 ❑ 6133 ❑ 4189

3. Le volume d'une boule de 12 cm de diamètre est :

❑ $1216\,\pi$ ❑ $288\,\pi$ ❑ $2304\,\pi$

4. On considère un cylindre et un cône de révolution de même base et de même hauteur. Le volume du cylindre est :

❑ égal à celui du cône ❑ 3 fois plus petit ❑ 3 fois plus grand

→ corrigés p. 95

Résoudre un problème de géométrie dans l'espace

33

Lue Relue Apprise

mes notes

1 De l'espace au plan

Lorsqu'on aborde un problème de géométrie dans l'espace, le but est bien souvent de calculer **l'aire d'une section** de solide par un plan ou **le volume d'un solide**.

Pour cela, il faut connaître des longueurs, qui servent à appliquer les formules permettant de calculer les volumes des solides usuels, mais qui peuvent aussi servir à calculer un éventuel coefficient d'agrandissement ou de réduction (voir fiche **32**).

L'essentiel des méthodes connues pour calculer les longueurs concernent **le plan**. L'idée générale, dans un problème de géométrie dans l'espace, est donc de **choisir un plan** dans lequel on peut appliquer ces méthodes (les théorèmes de Pythagore, de Thalès ou la trigonométrie par exemple).

Il faut donc également connaître les différentes **sections** des solides par un plan, qu'on visualise le plus souvent à l'aide d'un logiciel de géométrie.

2 Application

EXO **On considère un bâtiment ayant la forme d'une sphére de 15 m de rayon, et coupée par un plan (le sol). Le centre de cette sphère se situe à 9 m du sol, à la verticale.**
Calculer la superficie au sol (arrondi au m^2).

Solution

- La section d'une sphère par un plan est un disque de centre noté H.

De plus, la droite (OH) est perpendiculaire au plan, c'est-à-dire à tout rayon de ce disque.

Appelons A un point du disque : on a donc $(OH) \perp (HA)$.

Et HA est un rayon du disque.

De plus, les données nous permettent d'obtenir $HO = 9$ m.

On obtient un schéma de la situation à l'aide d'un logiciel de géométrie :

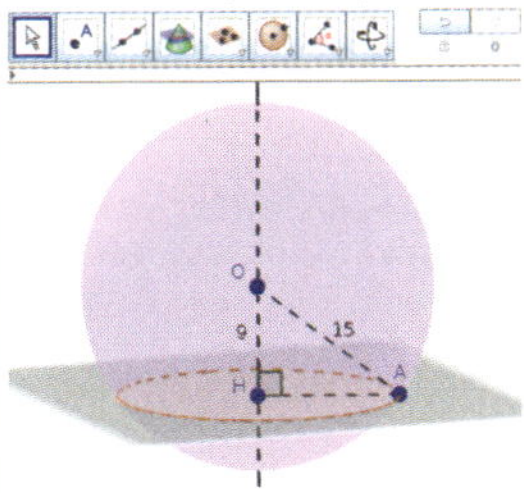

mes notes

• On utilise alors le théorème de Pythagore dans le triangle rectangle OAH rectangle en H :

$OA^2 = HO^2 + HA^2$

$15^2 = 9^2 + HA^2$

$225 = 81 + HA^2$

$HA^2 = 225 - 81 = 144$

Donc : $HA = \sqrt{144} = 12$ m

• Donc $\mathcal{A}_{sol} = \pi \times HA^2$

$\mathcal{A}_{sol} = \pi \times 12^2$

$\mathcal{A}_{sol} = 144\,\pi \approx 452$ m^2

Une fois qu'on a déterminé la nature de la section, on repère les éléments permettant de calculer son aire. Ici, c'est le rayon, puisque :

$$\mathcal{A}_{disque} = \pi \times \text{rayon}^2$$

Il s'agit ensuite de trouver une configuration **plane** où calculer ce rayon. Ici, c'est un triangle rectangle, à l'aide du théorème de Pythagore.

Mémo'Quiz

Un château d'eau est constitué d'un cylindre surmonté d'un tronc de cône contenant un réservoir d'eau.

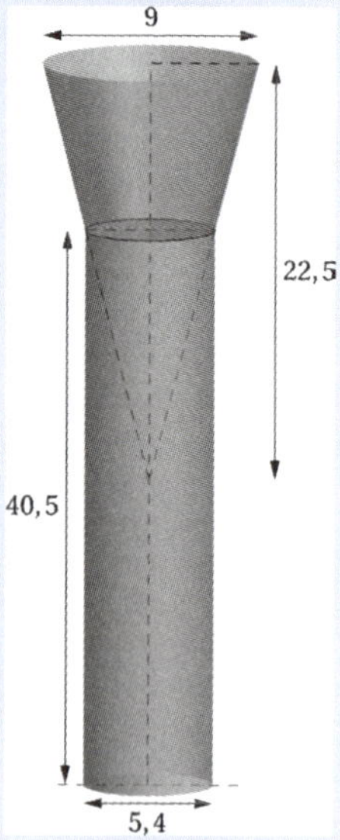

1. Le volume du cylindre est environ égal à :

❑ 3 710 m^3 ❑ 928 m^3 ❑ 219 m^3

2. Le volume du cône non tronqué est environ égal à :

❑ 1 909 m^3 ❑ 1 441 m^3 ❑ 477 m^3

3. La partie tronquée du cône est une réduction du cône non tronqué de rapport :

❑ 0,6 ❑ 0,5 ❑ 0,4

4. Le volume du tronc de cône est d'environ 103 m^3. Le réservoir d'eau est une réduction de rapport $\frac{9}{10}$ du tronc de cône.
Le volume d'eau est environ égal à :

❑ $103 \times \frac{9}{10}$ ❑ $103 \times \frac{10}{9}$ ❑ $103 \times \frac{729}{1000}$

→ corrigés p. 95

Se repérer dans l'espace

34

Lue Relue Apprise

mes notes

1 L'essentiel du cours

A Se repérer à l'aide de coordonnées

Tant qu'on se situe dans le plan (en 2 dimensions), pour repérer un point on a besoin de deux nombres : une abscisse (x) et une ordonnée (y).
Quand on veut repérer un point dans l'espace (en 3 dimensions), on a besoin d'une troisième coordonnée : l'altitude (z).
Dans l'espace, un repère comporte donc 3 axes.

Exemple : Ci-contre, on lit les coordonnées du point M en se projetant parallèlement sur chacun des axes, dans l'ordre suivant : **abscisse**, **ordonnée**, **altitude**.
On note $M\,(1\,;3\,;2)$.

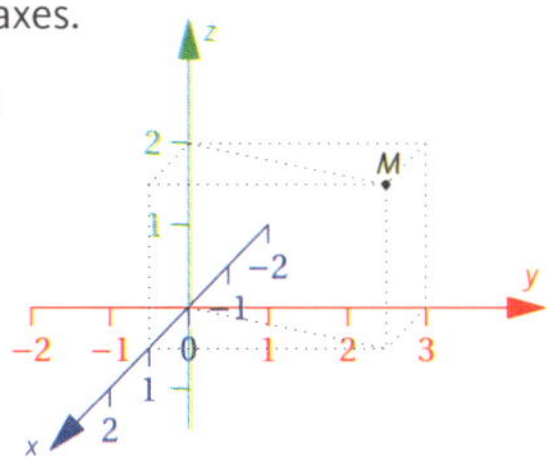

B Se repérer sur une sphère

Pour se repérer sur une sphère, on prend exemple sur la Terre, où on n'utilise pas d'axes, mais des cercles pour se repérer :
- L'**Équateur**, contenu dans le plan (Oxy), et tous les **parallèles**, qui sont les sections de la sphère par un plan parallèle à (Oxy) ;
- Les **méridiens**, qui sont des demi-cercles de centre O et reliant les « pôles » de la sphère, $N(0\,;0\,;1)$ et $S(0\,;0\,;-1)$.

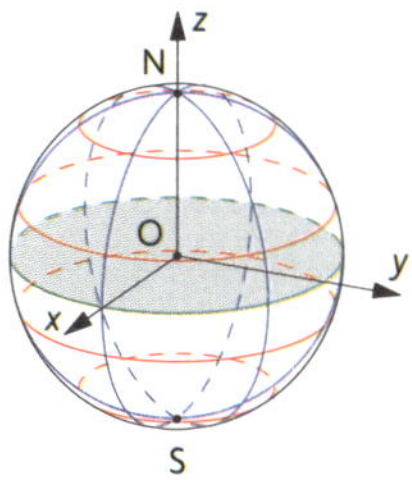

Tout point de la sphère se situe à l'intersection d'un méridien et d'un parallèle. Il s'agit donc de les repérer par rapport à un méridien de référence, le méridien de Greenwich (passant par l'axe (Ox)) et un parallèle de référence, l'Équateur.

Définitions :
- la **longitude** d'un point est l'angle (θ) formé par son méridien avec le méridien de Greenwich. Elle varie entre 0° et 180°E (pour Est) ou 180°W (pour Ouest).
- la **latitude** d'un point est l'angle (φ) formé par son parallèle avec l'Équateur. Elle varie entre 0° et 90°N (pour Nord) ou 90°S (pour Sud).

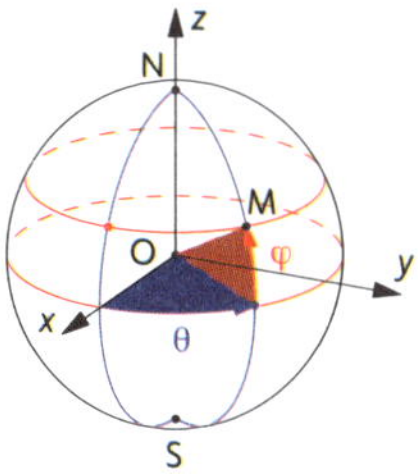

mes notes

2 Application

EXO **Déterminer la latitude et la longitude des points *A*, *B* et *C* sur la figure ci-contre.**

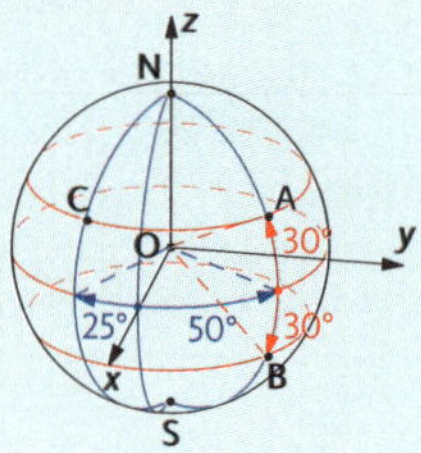

Solution

On commence par donner la longitude, qui est la même pour les points *A* et *B* puisqu'ils sont situés sur le même méridien, situé à l'est du méridien de Greenwich : 50°E.

Situé à l'ouest du méridien de Greenwich, la longitude du point *C* est 25°W.

A et *C* sont situés sur un parallèle au nord de l'Équateur, leur latitude est 30°N, et celle de *B* est donc 30°S.

On écrit donc *A* (50°E ; 30°N), *B* (50°E ; 30°S) et *C* (25°W ; 30°N)

> Comme pour l'abscisse et l'ordonnée, l'ordre dans lequel on donne la longitude et la latitude est important !

Mémo'Quiz

Pour les deux premières questions, on considère le pavé droit ci-contre, de longueur 5, de largeur 3 et de hauteur 2,5.
On donne A (2 ; 3 ; 1,5)

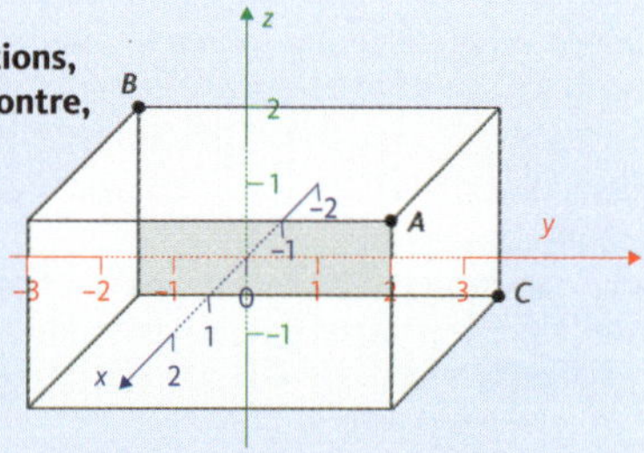

1. B (–1 ; –3 ; 1,5)

❑ Vrai ❑ Faux

2. C (3 ; –1 ; –1)

❑ Vrai ❑ Faux

3. Les Tropiques du Cancer et du Capricorne sont des méridiens.

❑ Vrai ❑ Faux

4. Madrid et New York ont à peu près la même latitude.

❑ Vrai ❑ Faux

→ corrigés p. 95

MON récap'

Volumes des solides usuels

NOM	LA FIGURE	VOLUME
Parallélépipède rectangle	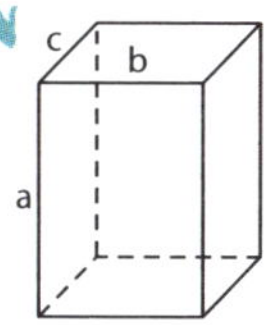	colle ton sticker
Cylindre	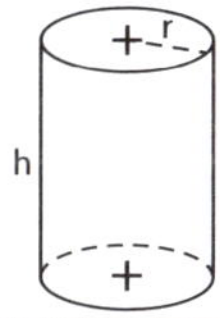	colle ton sticker
Cône de révolution	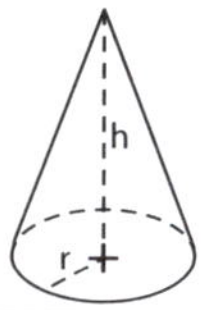	colle ton sticker
Pyramide	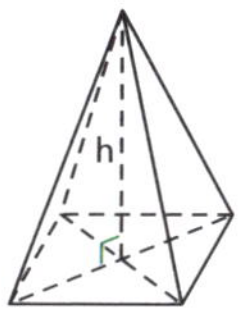	colle ton sticker
Boule	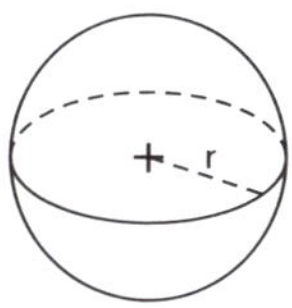	colle ton sticker

Agrandissement-réduction

Quand les longueurs d'une figure sont multipliées par k, alors :

→ l'aire est multipliée par ....

→ le volume est multiplié par ....

MES exemples

Exemple 1

Je dois calculer le volume du solide ci-contre.

Ce solide est constitué de trois parties :

- ....
  ....
- ....
  ....
- ....
  ....

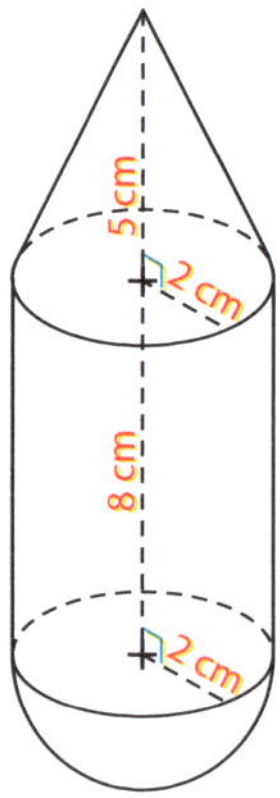

Je calcule les volumes des trois parties :

- ....
  ....
- ....
  ....
- ....
  ....

Je conclus :

....

Exemple 2

Toutes les longueurs du solide ci-dessus ont été multipliées par 10 pour obtenir un nouveau solide.

J'en déduis que le volume du nouveau solide ....

....

MA carte mentale

Section d'une pyramide ou d'un cône par un plan parallèle à sa base

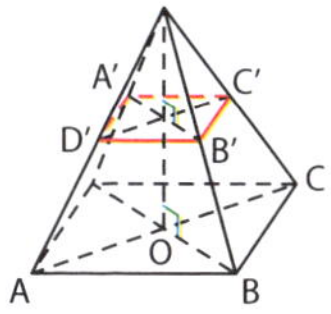

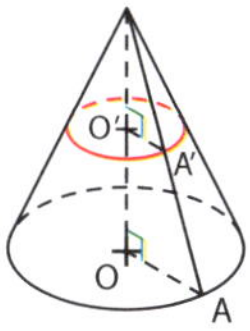

La section obtenue (ici en rouge) est une figure de même nature que

....

Section

Section d'une pyramide ou d'un cône

Pythagore

J'observe que des triangles sont rectangles et que je peux utiliser le théorème de ....

Par exemple : ....

....

Thalès

J'observe que des triangles sont en configuration de Thalès et que je peux utiliser le théorème de ....

Par exemple : ....

....

MES exemples

Le cône de révolution ci-contre a été sectionné par un plan parallèle à sa base. La section est tracée en rouge.

On donne OS = 6,6 cm, SA = 7,15 cm et O'S = 3,6 cm.

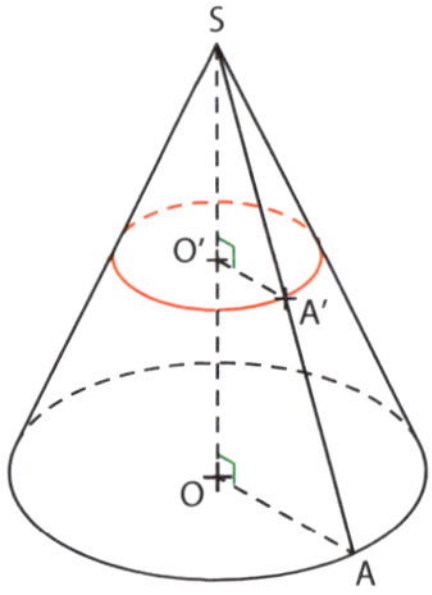

- Je dois calculer OA :

....

....

....

....

- Je dois calculer O'A' :

....

....

....

....

- Je dois calculer le volume du grand cône :

....

....

- Je dois en déduire le volume du petit cône :

....

....

Le petit cône est une .... du grand cône.

Le rapport de réduction des longueurs est k = ...

MON récap'

Se repérer dans un repère de l'espace

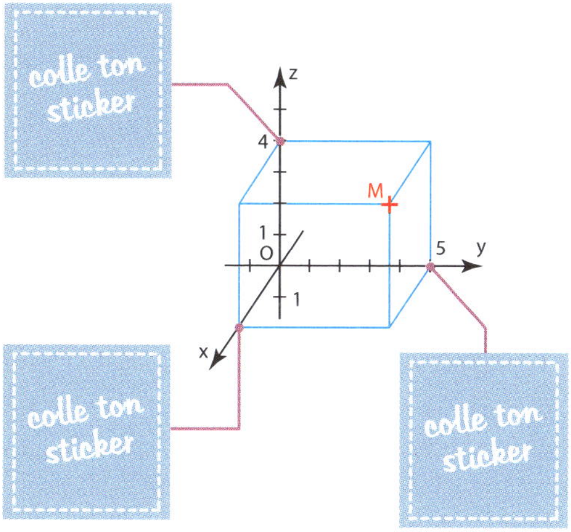

Les coordonnées de M sont :

....

Se repérer sur la Terre

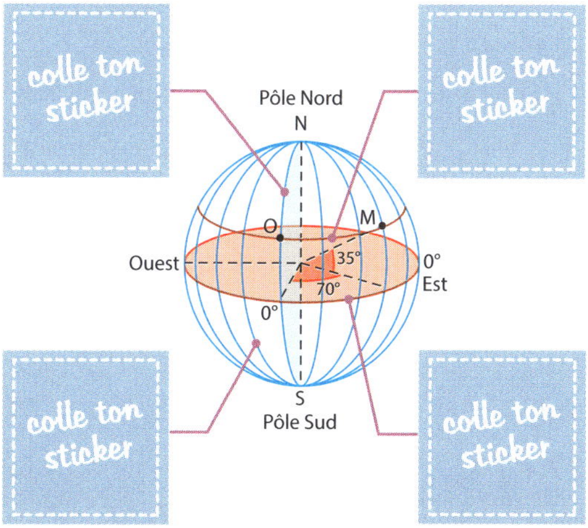

Les coordonnées géographiques de M sont :

....

MES exemples

Se repérer dans un repère de l'espace

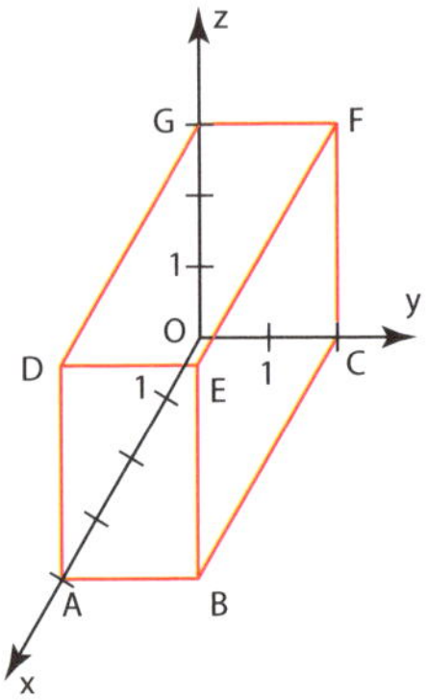

Dans le repère de centre O ci-contre, les coordonnées des sommets A, B, D et E du parallélépipède rectangle OABCDEFG sont :

A (……… ; ……… ; ………) B (……… ; ……… ; ………)

D (……… ; ……… ; ………) E (……… ; ……… ; ………)

→ Placer les points H (2 ; 2 ; 3) et I (4 ; 1 ; $\frac{3}{2}$).

Se repérer sur la Terre

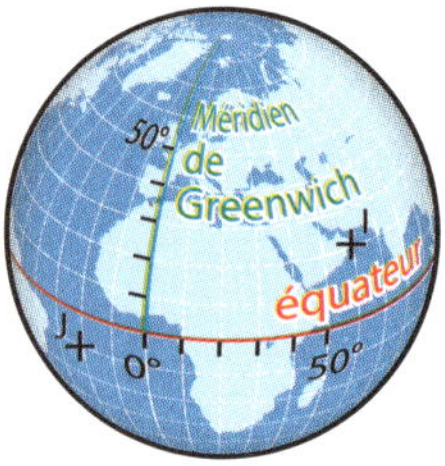

Lire les coordonnées géographiques des points I et J :

I (………………… ; …………………)

J (………………… ; …………………)

→ Placer les points

M (20° Est ; 20° Sud)

N (20° Ouest ; 50° Nord)

Calculer la moyenne et la médiane d'une série de données

35

☐ Lue ☐ Relue ☐ Apprise

mes notes

1 L'essentiel du cours

L'exemple référence :

Voici le relevé de notes de deux élèves :

Lucie	12	15	7	3	9	18	11	17	10
Ibrahim	14	11	10	13	9	13	11	12	

A Moyenne d'une série de données

Définition : La moyenne d'une série de données est égale à la **somme** de ces données **divisée** par l'effectif total.

Vocabulaire

L'effectif total est le nombre total de données.

Exemple : La moyenne de Lucie est égale à :

$$\frac{12 + 15 + 7 + 3 + 9 + 18 + 11 + 17 + 10}{9} = \frac{102}{9} \approx 11{,}3.$$

Remarque : La moyenne n'est pas toujours égale à l'une des données, mais elle est toujours comprise entre la valeur minimale et la valeur maximale.

B Étendue

Définition : L'étendue d'une série de données est la différence entre la plus grande et la plus petite des valeurs de la série.

Exemple : L'étendue de la série des notes de Lucie est 18 – 3 = 15.
Celle d'Ibrahim est 14 – 9 = 5. Cela signifie qu'Ibrahim est un élève plus régulier que Lucie.

C Médiane

Définition : La **médiane** d'une série de données est une valeur qui partage l'ensemble des valeurs en deux groupes de même effectif : la moitié des plus basses et la moitié des plus hautes.

Conseil

Pour déterminer la médiane, il faut ranger les données dans **l'ordre croissant**.

Exemple :

Si l'effectif total est impair, comme pour Lucie (9 valeurs) :
On choisit la valeur qui sépare le groupe de valeurs en 2 parties égales.

4 valeurs basses : 3 7 9 10 | 11 | 4 valeurs hautes : 12 15 17 18

La médiane est 11.

Si l'effectif total est pair, comme pour Ibrahim (8 valeurs) :
On choisit une valeur qui sépare le groupe de valeurs en 2 parties égales (en général la moyenne des deux valeurs centrales).

4 valeurs basses : 9 10 11 **11** | 4 valeurs hautes : **12** 13 13 14

La médiane est $\frac{11 + 12}{2} = 11{,}5$.

mes notes

2 Application

EXO **Dans une petite entreprise de 5 personnes, les salaires mensuels net en € sont les suivants : 3 500 ; 1 050 ; 1 100 ; 1 070 ; 1 070.**

1. Calculer le salaire moyen et le salaire médian dans cette entreprise.

2. Entre le salaire moyen et le salaire médian, lequel vous paraît le mieux refléter les salaires dans cette entreprise ?

Solution

1. Salaire moyen :

$$\frac{3500 + 1050 + 1100 + 1070 + 1070}{5} = 1558 \text{ €}$$

Pour déterminer la médiane, on classe les 5 salaires dans l'ordre croissant et on prend la valeur centrale, donc la 3e valeur : 1050 ; 1070 ; 1070 ; 1100 ; 3500

Le salaire médian est donc de 1070 €.

2. Le salaire moyen est trop élevé pour bien représenter la réalité des salaires dans cette entreprise. La médiane paraît plus représentative.

En cas de valeur non entière, choisir un arrondi « raisonnable ». Dans le cas d'un salaire en €, il est par exemple inutile d'aller jusqu'aux centimes.

Si l'effectif total est pair, il faut choisir une valeur située entre les deux valeurs centrales.

La moyenne a pour défaut d'être sensible aux valeurs extrêmes, qui peuvent parfois la « tirer » artificiellement vers le haut ou vers le bas.

Mémo'Quiz

On considère les données suivantes :

10	5	2	13	19	17

1. L'étendue de cette série est égale à : ❑ 17 ❑ 5 ❑ 19

2. La moyenne est égale à : ❑ 10 ❑ 11 ❑ 11,5

3. La médiane est égale à : ❑ 10 ❑ 13 ❑ 11,5

4. La valeur 12 est aussi une médiane acceptable ❑ Vrai ❑ Faux

5. Si on rajoute la valeur 11, la médiane et la moyenne deviennent égales ❑ Vrai ❑ Faux

→ corrigés p. 95

Représenter une série statistique

36

Lue Relue Apprise

mes notes

1 L'essentiel du cours

A Recommandations générales

Un graphique a pour but de donner une information visuelle rapide et la plus complète possible.
Toutefois, la recherche de précision ne doit jamais se faire au détriment de la clarté du graphique : mieux vaut un graphique peu précis mais parlant qu'un graphique très précis mais illisible !

B Diagramme en bâtons

Dans un diagramme en bâtons, la valeur représentée est proportionnelle à la hauteur du bâton. L'épaisseur du bâton n'a pas d'importance, elle a un uniquement un rôle esthétique.

Exemple : Voici les notes obtenues par Alan lors de ses derniers contrôles.

Matière	Anglais	Maths	Histoire	Latin
Note	14	17	9	12

- Les notes étant sur 20, la graduation sur l'axe des ordonnées ne doit pas dépasser 20.
- Les lignes horizontales sont facultatives : elles servent ici à une meilleure lecture.

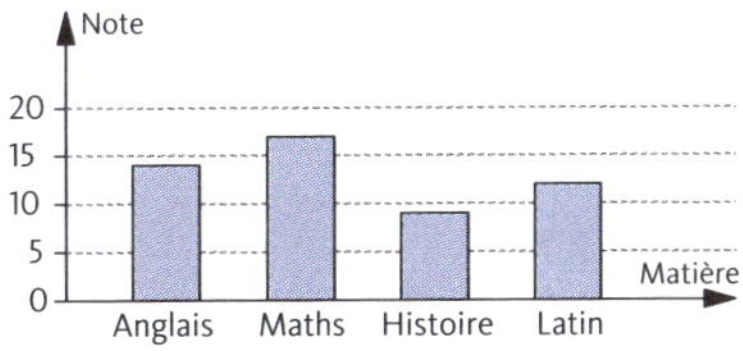

C Diagramme circulaire

Dans un diagramme circulaire, la valeur représentée est proportionnelle à l'angle du secteur.
Les diagrammes circulaires sont particulièrement adaptés pour les statistiques de répartition (présentées en pourcentages).

Exemple : Voici la répartition des parts de marché des principaux constructeurs de téléphones mobiles, en avril 2016.

Constructeur	Apple	Huawei	LG	Samsung	Autres
Parts de marché (en %)	16	10	6	28	40

mes notes

- Pour calculer l'angle de chaque secteur, on utilise un tableau de proportionnalité avec 360° :

pour Apple,

16	?
100	360°

L'angle à reporter est donc $\frac{16 \times 360}{100} = 57{,}6°$

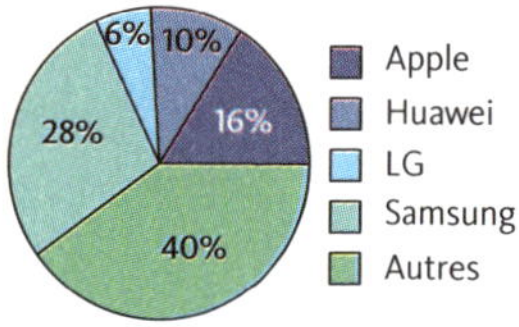

D Histogramme

Dans un histogramme, la valeur représentée est proportionnelle à l'aire du rectangle.
Un histogramme ne comporte donc pas d'axe des ordonnées. Les données des histogrammes sont souvent présentées en classe. L'amplitude d'une classe est la différence entre la plus grande et la plus petite valeur.

Attention
Les diagrammes en bâtons sont souvent appelés à tort « histogrammes ».

Exemple : Le tableau suivant donne la répartition de la taille de 50 élèves de 3e. Les tailles ont été regroupées par classes d'amplitudes différentes.

Taille	[135 ; 150[	[150 ; 160[	[160 ; 170[	[170 ; 180[	[180 ; 195[
Effectif	3	10	16	12	9

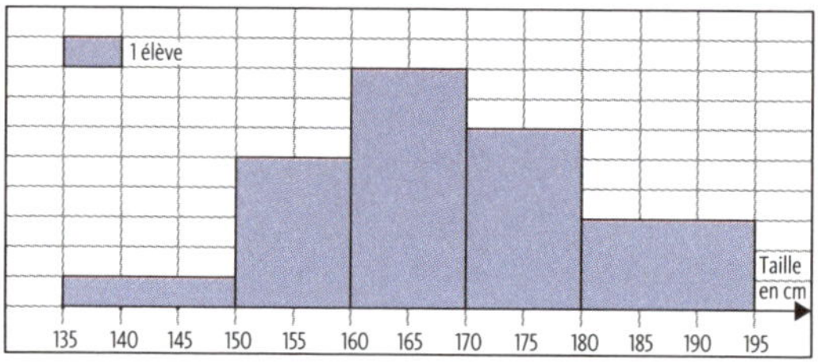

L'élaboration de l'histogramme est ici facilitée par la grille. S'il n'y pas de grille, la hauteur de chaque rectangle doit se calculer en divisant la valeur à représenter par l'amplitude de la classe concernée.

Mémo'Quiz

1. Dans le diagramme circulaire du C., l'angle du secteur LG mesure :
- ❑ 6°
- ❑ 2,16°
- ❑ 21,6°

2. Si 15 millions de téléphones mobiles ont été vendus en avril 2016, Samsung en a vendu (en millions) :
- ❑ 4,2
- ❑ 13,2
- ❑ 28

3. Dans l'histogramme du D., la classe [135 ; 150[a pour amplitude :
- ❑ 137,5
- ❑ 15
- ❑ 150

→ corrigés p. 95

Calculer une augmentation ou diminution en pourcentage

37

Lue Relue Apprise

mes notes

1 L'essentiel du cours

A Augmentation et diminution en pourcentage

Propriétés :

- **Augmenter** un nombre de p % revient à le multiplier par $1 + \frac{p}{100}$.
- **Diminuer** un nombre de p % revient à le multiplier par $1 - \frac{p}{100}$.

Exemples :

- Augmentons le nombre 175 de 20 %.

Augmenter un nombre de 20 % revient à le multiplier par :

$1 + \frac{20}{100} = 1 + 0,2 = 1,2$

Il suffit donc de multiplier le nombre 175 par 1,2.

$175 \times 1,2 = 210$. Donc le nombre 175 augmenté de 20 % vaut 210.

- Diminuons le nombre 175 de 40 %.

Diminuer un nombre de 40 % revient à le multiplier par :

$1 - \frac{40}{100} = 1 - 0,4 = 0,6$.

Il suffit donc de multiplier le nombre 175 par 0,6.

$175 \times 0,6 = 105$. Donc le nombre 175 diminué de 40 % vaut 105.

B Les pièges classiques sur les pourcentages

- **Les pourcentages ne s'ajoutent pas.** Que devient un nombre lorsqu'on l'augmente de 20 %, puis de 30 % ?

D'après ce qui précède, ceci revient à le multiplier par 1,2 puis par 1,3.

Or $1,2 \times 1,3 = 1,56$. Multiplier un nombre par 1,56 revient à l'augmenter de 56 %.

Aide

20 % et 30 % ne sont pas des pourcentages du même nombre, car il a augmenté entre-temps.

Finalement, augmenter de 20 %, puis de 30 % revient à augmenter de 56 %, et non de 50 % comme on pourrait s'y attendre.

- **Les pourcentages ne se compensent pas.** De la même manière, on montre qu'une augmentation de 30 % suivie d'une diminution de 30 % correspond à une diminution de 9 % (car $1,3 \times 0,7 = 0,91$).

Finalement, augmenter de 30 %, puis diminuer de 30 % revient à le diminuer de 9 %, et ne redonne pas le nombre de départ comme on pourrait s'y attendre.

mes notes

2 Applications

EXO 1 **1. Donner la multiplication correspondant à une diminution de 45 %.**
2. Donner la diminution ou l'augmentation en pourcentage qui correspond à une multiplication par 0,2.

Solution

1. $1 - \frac{45}{100} = 1 - 0{,}45 = 0{,}55$

donc $-45\ \% \leftrightarrow \times\ 0{,}55$

2. $0{,}2 = 1 - \frac{80}{100}$

donc $\times\ 0{,}2 \leftrightarrow -\ 80\ \%$

- Ne pas oublier que multiplier par un nombre supérieur à 1 rend plus grand.
- Par contre, multiplier par un nombre compris entre 0 et 1 rend plus petit.
- Observer ce qui a été rajouté ou enlevé à 1 : c'est ce qui donnera le pourcentage d'augmentation ou de diminution.

EXO 2 **Je place un capital de 1000 € sur un compte qui promet 4 % d'intérêts par an. Quel sera mon capital dans 10 ans ?**

Solution

Chaque année, mon capital augmente de 4 % : il est donc multiplié par 1,04. Au bout de 10 ans, il est donc de :

$$1\,000 \times \overbrace{1{,}04 \times \cdots \times 1{,}04}^{10 \text{ fois}}$$
$$= 1\,000 \times 1{,}04^{10} \approx 1480\ €$$

- Les intérêts sont une somme versée tous les ans qui vient s'ajouter au capital, et donc augmenter celui-ci.
- Au bout de n années, le capital serait donné par la formule $1000 \times 1{,}04^n$

Mémo'Quiz

1. Augmenter un nombre de 200 % revient à le multiplier par :

❑ 2 ❑ 3 ❑ 1,2

2. Augmenter un nombre de 15 % puis de 30 % revient à l'augmenter de :

❑ 49,5 % ❑ 45 % ❑ 495 %

→ corrigés p. 95

MA carte mentale

Exemple de série statistique

Valeur	10	15	20	25
Effectif	2	3	1	3

La moyenne

La moyenne de cette série est le nombre :

$$m = \frac{\ldots\ldots \times \ldots\ldots + \ldots\ldots \times \ldots\ldots + \ldots\ldots \times \ldots\ldots + \ldots\ldots \times \ldots\ldots}{\ldots\ldots + \ldots\ldots + \ldots\ldots + \ldots\ldots}$$

Moyenne

Les indicateurs statistiques

Étendue

Médiane

L'étendue

L'étendue de cette série statistique est le nombre :

e = ...

La médiane

La médiane d'une série statistique est un nombre qui ....

....

Dans cet exemple, il y a 9 valeurs, donc la médiane est la .... valeur.

Ainsi, la médiane est ....

MES exemples

La moyenne

Avec des effectifs différents de 1

Voici les âges des élèves d'une classe :

Âge	14	15	16	17
Nombre d'élèves	3	17	9	1

La moyenne est :

m = ……………………………………

m ≈ ………… ans.

Avec des effectifs égaux à 1

Voici les masses, en kg, des cartables de dix élèves :

3,2 – 4,1 – 2,9 – 3,7 – 5 – 3,8 – 3,9 – 4,8 – 4,4 – 5,1

La moyenne est :

m = ……………………………………

m = ………… kg.

La médiane

Avec un effectif total impair

Voici les masses, en g, de huit téléphones portables :

129 – 172 – 135 – 135 – 129 – 141 – 172 – 138

Avec un effectif total pair

Voici les prix, en €, de téléviseurs :

Prix	300	350	400	450
Nombre de téléviseur	6	4	3	9

Pour déterminer la médiane, je dois :

1. Commencer par m'assurer que les valeurs de la série sont ……………………………………

……………………………………………………………………

2. Déterminer l'effectif total N.

3. Si N est impair,

……………………………………

……………………………………

……………………………………

3bis. Si N est pair,

……………………………………

……………………………………

……………………………………

MON cours

Effectif et fréquence

Valeur	−2	−1	0	1	2
Effectif	4	5	2	10	3

- L'effectif de la valeur −1 est ....
- L'effectif total est ....
- La fréquence de la valeur 2 est ....
- La fréquence en pourcentage de la valeur −1 est ....

Diagramme en bâtons

Voici les achats de fruits effectués ce matin dans un magasin bio :

Fruit	Banane	Citron	Orange	Poire	Pomme
Effectif	30	10	45	5	25

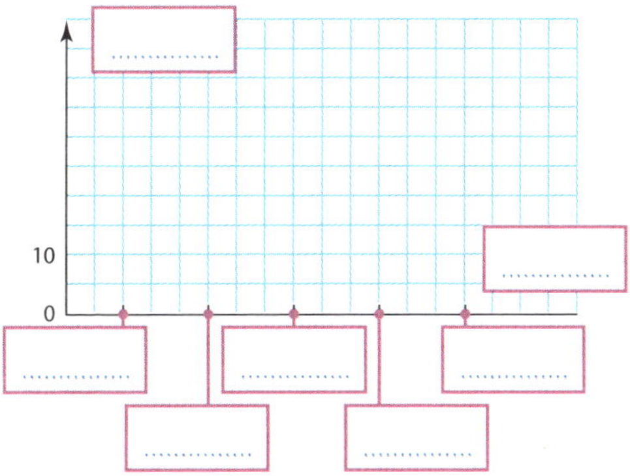

MON cours

Histogramme

Voici les tailles (en cm) des élèves d'une classe :

Taille	[140 ; 150[	[150 ; 160[	[160 ; 170[	[170 ; 180[	[180 ; 190[
Effectif	3	8	11	7	1

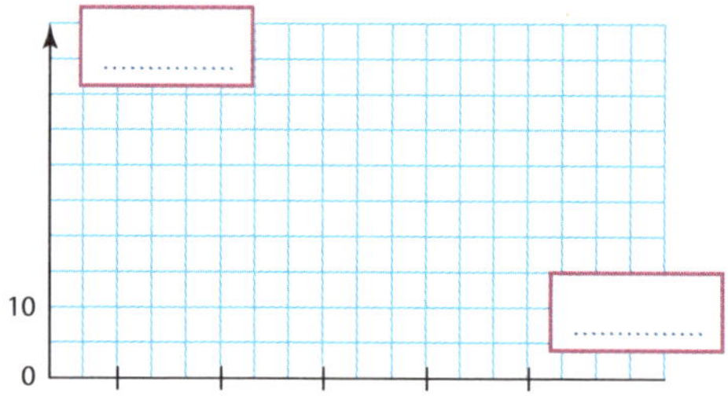

Diagramme circulaire

Voici la répartition de la population mondiale, en millions d'habitants :

Zone géographique	Asie	Afrique	Amérique	Antarctique et Océanie	Europe	Total
Millions d'habitants	4505	1257	1007	41	743	....
Mesure de l'angle (arrondie au degré)	....	....	....	....	....	....

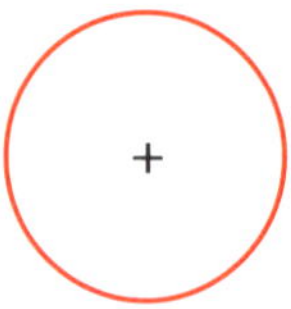

Légende

- Asie
- Afrique
- Amérique
- Europe
- Antarctique et Océanie

Calculer des probabilités (1) Cas d'un jeu truqué

38

Lue Relue Apprise

mes notes

1 L'essentiel du cours

A Qu'est-ce qu'une probabilité ?

Vocabulaire :

Dans un exercice de probabilités, on peut rencontrer le vocabulaire suivant :

- **expérience aléatoire :** c'est la situation concrète qui est étudiée. Exemples : le lancer de dé ou d'une pièce de monnaie, le tirage du Loto.
- **événement :** c'est quelque chose qui peut se réaliser (ou pas) à l'issue de l'expérience. Exemples : obtenir un nombre pair au lancer d'un dé, faire pile au lancer d'une pièce de monnaie.
On note souvent un événement par une lettre majuscule.
Exemple : événement A : « La pièce tombe sur face ».
- **événement élémentaire :** dans une expérience aléatoire, on appelle événement élémentaire un événement qui est réalisé dans un seul cas.
Exemples : si on lance un dé, les événements A : « Faire un 4 » ou B : « Faire un 2 » sont des événements élémentaires.
Par contre, l'événement C : « Faire un nombre pair » n'est pas un événement élémentaire, car cet événement se réalise lorsque le dé tombe sur un 2, un 4 ou un 6.

Définition : La probabilité d'un événement est **un nombre compris entre 0 et 1** qui mesure la « chance » que cet événement a de se réaliser.
La probabilité d'un événement A est notée $p(A)$.
- La probabilité d'un événement **impossible** est égale **0**.
- La probabilité d'un événement **certain** est égale **1**.

Exemples : Un événement ayant une probabilité de 0,97 a de très grandes chances de se réaliser. Un événement ayant une probabilité de 0,01 a très peu de chances de se réaliser.

B Jeu honnête ou jeu truqué ?

C'est la toute première chose qu'il faut déterminer. Un jeu truqué est une expérience aléatoire où une possibilité est matériellement privilégiée par rapport à une autre (un dé dont une face a été alourdie, par exemple). On le signalera dans l'énoncé par les mots « truqué » ou « pipé » (pour un dé). Dans le cas d'un jeu honnête, on parlera par exemple d'un tirage « au hasard ».

mes notes

C Calcul des probabilités

Ce qui suit est valable tout le temps, que le jeu soit honnête ou truqué.

Propriété : La **somme** des probabilités des événements élémentaires vaut toujours **1**.

Exemple : Considérons une pièce de monnaie truquée, dont la probabilité de tomber sur pile est 0,7. Il n'y a que deux événements élémentaires : « tomber sur pile » et « tomber sur face ». La probabilité de tomber sur face est alors égale à 1 – 0,7, donc 0,3.

Aide
Dans le cas d'un jeu truqué, cette propriété est la **seule** que l'on peut utiliser.

2 Application : cas d'un jeu truqué

EXO **On considère un dé à 6 faces qui a été pipé. On donne le tableau des probabilités d'apparition de chaque face.**

Face	1	2	3	4	5	6
Probabilité	0,1	0,2	?	0,1	0,1	0,1

Calculer la probabilité des événements E : « Le dé tombe sur le 3 » et F : « Le dé tombe sur un nombe impair ».

Solution

La somme des probabilités des événements élémentaires vaut 1. Donc :
$0,1 + 0,2 + p(E) + 0,1 + 0,1 + 0,1 = 1$, d'où $p(E) + 0,6 = 1$, et donc $p(E) = 0,4$.
L'événement F est réalisé quand le dé tombe sur la face 1, 3 ou 5. Il faut donc ajouter les probabilités de chaque face :
$p(F) = 0,1 + 0,4 + 0,1 = 0,6$.

- On peut s'imaginer que la probabilité de 1 est distribuée (ici non équitablement) entre tous les événements élémentaires.
- Penser ainsi à décomposer un événement en événements élementaires.

Mémo'Quiz

Une pièce de monnaie a été truquée pour tomber sur pile trois fois plus souvent que sur face. On appelle P l'événement « tomber sur pile » et F l'événement « tomber sur face ».

1. $p(P) + p(F) = 1$ ❑ Vrai ❑ Faux
2. $p(F) = 3 \times p(P)$ ❑ Vrai ❑ Faux
3. $p(P) = 3 \times p(F)$ ❑ Vrai ❑ Faux
4. $p(P) = 0,75$ et $p(F) = 0,25$ ❑ Vrai ❑ Faux

➜ corrigés p. 95

Calculer des probabilités (2) Cas d'un jeu honnête

39

Lue Relue Apprise

mes notes

1 L'essentiel du cours

Tout ce qui a été dit dans la fiche 42 reste valable. Une situation de jeu honnête ne fait que rajouter une nouvelle manière de calculer une probabilité.

A Calcul d'une probabilité dans le cas d'un jeu honnête

Vocabulaire : On appelle cas **favorables** d'un événement les différents cas qui réalisent cet événement.

Exemple : Si on lance un dé à 6 faces, l'événement E : « tomber sur un nombre pair » possède 3 cas favorables, qui sont : tomber sur un 2, tomber sur un 4, tomber sur un 6.

Remarque : Un événement élémentaire a toujours un seul cas favorable.

Propriété : Lorsqu'un jeu est honnête, la probabilité d'un événement A se calcule par :

$$p(\text{A}) = \frac{\text{nombre de cas favorables}}{\text{nombre de cas possibles}}$$

Exemples : On considère le lancer d'un dé à 6 faces. Le dé est bien équilibré.
La probabilité de l'événement E : « tomber sur un nombre pair » est donc

$$p(\text{E}) = \frac{\text{nombre de cas favorables}}{\text{nombre de cas possibles}} = \frac{3}{6} = \frac{1}{2}$$

Vocabulaire

Dire que le dé est « bien équilibré » garantit que le jeu est honnête.

2 Application

EXO **À un stand de fête foraine, une roue permet de gagner la somme en euros inscrite sur chaque secteur.**
Chaque secteur a la même taille.

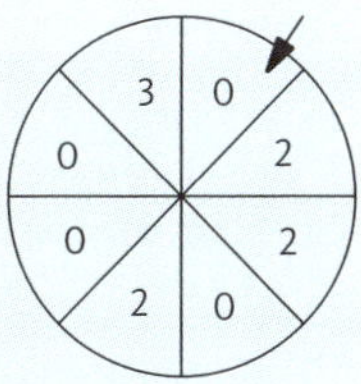

1. Calculer la probabilité de l'événement A : « On gagne 0 € ».

2. Calculer la probabilité de l'événement B : « On gagne 2 € ».

3. Calculer la probabilité de l'événement C : « On gagne au moins 2 € ».

mes notes

Solution

1. Cette roue est divisée en 8 secteurs de taille équivalente. Parmi eux, 4 secteurs sont marqués « 0 € ».

$$p(A) = \frac{\text{nombre de cas favorables}}{\text{nombre de cas possibles}}$$
$$= \frac{4}{8} = 0{,}5$$

La probabilité de gagner 0 € est donc de 0,5.

2. 3 secteurs permettent de gagner 2 €. Donc

$$p(B) = \frac{\text{nombre de cas favorables}}{\text{nombre de cas possibles}}$$
$$= \frac{3}{8} = 0{,}375$$

La probabilité de gagner 2 € est donc de 0,375.

- On commence ici par comptabiliser le nombre de cas possibles : il y a 8 secteurs dans la roue, il y aura donc 8 cas possibles. On compte ensuite le nombre de cas favorables à l'événement étudié : ici, il y a 4 cas. Penser à écrire la formule avant de l'appliquer.
- Une probabilité peut se donner sous forme décimale (toujours un nombre compris entre 0 et 1) ou bien sous forme fractionnaire.
- Faire très attention à bien comprendre les formulations du genre « au moins », « au plus ». Il ne reste ensuite qu'à compter le nombre de cas favorables.

3. Gagner au moins 2 € signifie gagner 2 € ou 3 € : cela correspond donc à 4 secteurs.

$$p(C) = \frac{\text{nombre de cas favorables}}{\text{nombre de cas possibles}} = \frac{4}{8} = 0{,}5$$

La probabilité de gagner au moins 2 € est donc de 0,5.

Mémo'Quiz

On met dans une urne les étiquettes suivantes : J E A N N E
On pioche au hasard une de ces étiquettes.

1. La probabilité de l'événement « Piocher un N » est :

❑ $\frac{1}{6}$ ❑ $\frac{2}{6}$ ❑ 0,2

2. La probabilité de l'événement « Piocher un K » est :

❑ 0 ❑ 1 ❑ incalculable

3. La probabilité de l'événement « Piocher une voyelle » est :

❑ $\frac{2}{6}$ ❑ 1 ❑ 0,5

4. La probabilité de l'événement « Piocher une lettre de l'alphabet » est :

❑ 0 ❑ 1 ❑ incalculable

→ corrigés p. 95

MA carte mentale

Chacun des résultats possibles d'une expérience aléatoire (d'un jeu de hasard) est appelé ....

Propriétés

- Toute probabilité est un nombre compris entre .... et ....
- La somme .... de tous les événements élémentaires est égale à ....

Probabilité

Un événement A est formé d'un ou de plusieurs événements élémentaires.

Propriété

Pour calculer la probabilité de A, j'additionne .... des événements élémentaires qui forment A.

Le contraire d'un événement A est noté ....
C'est l'événement qui se réalise lorsque A ne se réalise pas.

Propriété

$P(\overline{A})$ = ...

MES exemples

On lance un dé truqué à 8 faces dont les probabilités sont données ci-dessous.

Face	1	2	3	4	5	6	7	8
Probabilité	0,1	0,15	0,05	0,05	p	0,3	0,2	0,05

- Les événements élémentaires sont :

....

- Pour calculer la valeur de la probabilité p, je dois écrire :

....

....

....

....

Je vérifie que p est bien un nombre compris entre .... et ....

- $\overline{A}$ est formé par les événements élémentaires :

....

- La probabilité de $\overline{A}$ est :

$P(\overline{A})$ = ...

- A est l'événement « obtenir un multiple de 3 ». A est formé par les événements élémentaires :

....

....

- La probabilité de A est :

P(A) = ...

Utiliser des grandeurs quotients

40

Lue Relue Apprise

mes notes

1 L'essentiel du cours

A Comprendre les grandeurs-quotients

Définition : Lorsqu'on divise deux unités de mesure différentes, on obtient une nouvelle unité appelée **grandeur-quotient**. Par exemple, l'unité de vitesse « kilomètres/heure » correspond à une unité de longueur (les kilomètres) divisée par un unité de temps (l'heure).

- **Notation** : une unité comme les kilomètres/heure peut se noter de trois manières différentes : km/h, ou $\frac{\text{km}}{\text{h}}$ ou encore km.h^{-1}.

Remarque : Ne pas oublier que la notation h^{-1} signifie $\frac{1}{h}$.

B Calculer une vitesse moyenne

Définition : La vitesse moyenne V d'un objet en mouvement se calcule par la formule : $V = \frac{\text{distance parcourue}}{\text{durée du trajet}}$

L'unité de la vitesse sera la grandeur-quotient obtenue en divisant l'unité de la distance par l'unité de la durée.

Exemple : Considérons un cycliste ayant parcouru 9 km en 15 min. Sa vitesse moyenne V se calcule donc par $V = \frac{9\text{ km}}{15\text{ min}} = \frac{9}{15}\frac{\text{km}}{\text{min}} = 0{,}6\text{ km/min}$.

C Convertir des grandeurs-quotients

Méthode : Pour changer d'unité une grandeur-quotient, il faut revenir à l'écriture de l'unité sous forme de fraction, et procéder aux conversions entre unités.

Exemple : Convertissons 0,6 km/min en km/h.
0,6 km/min signifie qu'on parcourt 0,6 km en 1 min. Donc cette vitesse s'écrit $\frac{0{,}6\text{ km}}{1\text{ min}}$.
Pour obtenir 1 heure au dénominateur, il faut avoir 60 min. On multiplie donc le numérateur et le dénominateur par 60.
Donc $\frac{0{,}6\text{ km}}{1\text{ min}} = \frac{60 \times 0{,}6\text{ km}}{60 \times 1\text{ min}} = \frac{36\text{ km}}{30\text{ min}} = \frac{36\text{ km}}{1\text{ h}} = 36\text{ km/h}$.
Donc 0,6 km/min = 36 km/h.

Conseil

Il est parfois utile d'utiliser un tableau de proportionnalité.

mes notes

2 Applications

EXO 1 **Convertir en m/s (mètres par seconde) les vitesses suivantes :**
1. 180 m/min **2. 5,4 km/h**

Solution

1. $180 \text{ m/min} = \frac{180 \text{ m}}{1 \text{ min}} = \frac{180 \text{ m}}{60 \text{ s}}$
$= \frac{180}{60} \frac{\text{m}}{\text{s}} = 3 \text{ m/s}$

2. $5{,}4 \text{ km/h} = \frac{5{,}4 \text{ km}}{1 \text{ h}} = \frac{5{,}4 \times 1000 \text{ m}}{3600 \text{ s}}$
$= \frac{5400}{3600} \frac{\text{m}}{\text{s}} = 1{,}5 \text{ m/s}$

Les conversions 1 min = 60 s et 1 h = 3600 s sont à savoir par cœur : elles interviennent dans de nombreuses situations.

Penser à observer d'un œil critique les résultats obtenus : la vitesse 5,4 km/h est une vitesse faible : sa conversion en m/s doit aussi être une vitesse faible.

EXO 2 **L'avion Concorde parcourait les 6 000 km séparant Paris et New York en 3 h 15 min.**
Quelle était la vitesse moyenne du Concorde ?

Solution

Exprimons en km/h la vitesse V du Concorde :
3 h 15 min = 3 × 60 + 15 = 195 min
Exprimons 195 min en heures.
On divise donc par 60.
195 ÷ 60 = 3,25 h
donc $V = \frac{\text{distance}}{\text{durée}} = \frac{6\,000 \text{ km}}{3{,}25 \text{ h}}$
$\approx 1\,846$ km/h.

Une erreur très classique est de dire que 3 h 15 min = 3,15 h. Ceci est faux car il faut 60 min et non 100 min pour faire 1 h.

On convertit les minutes en heures, en divisant par 60.
On arrondit le résultat à l'unité près.

Mémo'Quiz

1. Un train parcourant 630 km en 3 h 30 min roule à la vitesse moyenne de :
❑ 157 km/h environ ❑ 180 km/h ❑ 230 km/h

2. Un sprinter courant le 100 mètres en 10 secondes court à la vitesse moyenne de :
❑ 36 km/h ❑ 3,6 m/s ❑ 10 km/h

3. Un avion volant à 800 km/h parcourt 2 600 km en :
❑ 3 h 25 min ❑ 3 h 30 min ❑ 3 h 15 min

➜ corrigés p. 95

MON récap'

Conversion des longueurs/des masses

- L'unité de longueur est le ....
- L'unité de masse est le ....

Longueur	....	....	....	m	....	....	....
Masse	....	....	....	g	....	....	....
			4	5,	3		
	0,	0	1	5			

LES PRÉFIXES

Kilo (k) : 1000

Hecto (h) : 100

Deca (da) : 10

Deci (d) : 0,1

Centi (c) : 0,01

Milli (m) : 0,001

Exemples :

- 45,3 m = ... km
- 0,015 kg = ... cg

Conversion des aires

- L'unité d'aire est le ....

Aire	....		....		....		m^2		....		....		....	
						0,	2	5	3					

Exemple :

- 0,253 m^2 = ... cm^2 = ... dam^2.

LE LITRE

1 L = 1 dm^3

1 mL = 1 cm^3

Conversion des volumes

- L'unité de volume est le ....

Volume	....			....			....			m^3			....			....			....		

Exemple :

- 7800 m^3 = ... cm^3 = ... dam^3

MON récap'

Conversion des durées

- L'unité de **durée** est la ....
- 1 min = ... s
- 1 h = ... min = ... s
- 1 jour = ... h
- 1 an = ... jours

Exemples de grandeurs quotients

- Lorsqu'on divise deux unités de mesures différentes, on obtient une nouvelle unité appelée ....

- **Exemples :**

→ La vitesse d'une voiture : $V = \frac{20 \text{ km}}{1 \text{ h}} = 20 \text{ km/h}$.

→ Le débit d'un fleuve : $D = \frac{5000 \text{ m}^3}{1 \text{ min}} = 5000 \text{ m}^3\text{/min}$.

→ La masse volumique d'un métal : $M = \frac{2700 \text{ kg}}{1 \text{ m}^3} = 2\,700 \text{ kg/m}^3$

- **Conversions :**

→ $30 \text{ km/h} = \frac{30 \text{ km}}{1 \text{ h}} = \frac{\text{..........................} \text{ m}}{\text{..........................} \text{ s}} = \text{..........................} \text{ m/s}$.

→ $400 \text{ m}^3\text{/min} = \frac{400 \text{ m}^3}{1 \text{ min}} = \frac{\text{..........................} \text{ dm}^3}{\text{..........................} \text{ s}} = \text{..........................} \text{ L/s}$.

→ $3{,}4 \text{ g/cm}^3 = \frac{3{,}4 \text{ g}}{1 \text{ cm}^3} = \frac{\text{..........................} \text{ kg}}{\text{..........................} \text{ m}^3} = \text{..........................} \text{ kg/m}^3$.

Variable informatique

41

Lue Relue Apprise

mes notes

1 L'essentiel du cours

A Variable

En mathématiques, on a souvent recours à l'utilisation d'une lettre lorsqu'un nombre est inconnu (fiches **6** à **8** et **11** à **13**), ou bien que sa valeur est susceptible d'être modifiée au cours du temps (fiches **14** à **19**).

En informatique, on a également besoin de stocker des valeurs qui peuvent être modifiées au cours d'un programme.

Définition : Une **variable** est un nom qui permet d'associer une valeur à ce nombre et donc de la stocker. On dit qu'on **affecte** une valeur à une variable.

B Un exemple : le programme de calcul

- choisir un nombre ;
- lui soustraire 8 ;
- multiplier par le nombre de départ ;
- ajouter 16 au résultat.

Attention
Une seule variable ne suffit pas car la deuxième instruction impose de mémoriser le nombre de départ.

● Pour écrire un programme permettant de tester ce programme de calcul pour différents nombres de départ, on a besoin de stocker le nombre de départ, puis les résultats des calculs.

On crée donc deux variables, l'une pour le nombre de départ, l'autre pour le résultat du programme.

On peut donc par exemple écrire le programme suivant, en spécifiant au départ à quel nombre on veut l'appliquer (ici 3) :

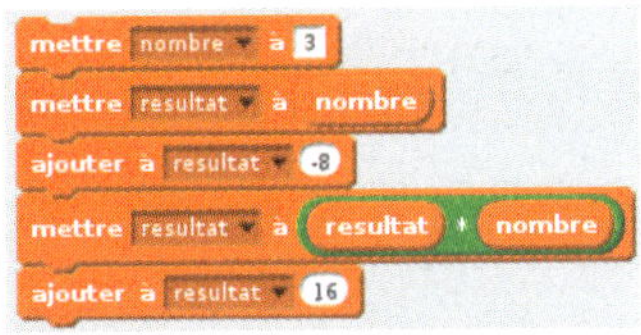

Après initialisation de la variable nombre, les calculs se feront uniquement avec les variables et non les valeurs.

Conseil
Ne pas hésiter à donner des noms aux variables plutôt que des lettres seules.

mes notes

B Un cas particulier

Les logiciels permettant d'écrire des algorithmes/programmes ont une commande qui récupère des données entrées par l'utilisateur.
Avec Scratch, il s'agit de la commande `demander [ ] et attendre` et les données sont stockées dans la variable `réponse` déjà créée.

2 Application

EXO **Pour convertir une température des degrés Celsius aux degrés Fahrenheit, il faut multiplier la valeur en degrés Celsius par 1,8 et ajouter 32.**
Écrire un programme demandant une température exprimée en degré Celsius et retournant la température exprimée en degrés Fahrenheit.

Solution

```
demander [Entrer une température en degrés Celsius] et attendre
mettre [Celsius] à (réponse)
mettre [Fahrenheit] à ((1.8) * (Celsius)) + (32)
dire (regroupe [C'est équivalent à] (regroupe (Fahrenheit) [degrés Fahrenheit]))
```

Mémo'Quiz

1. Pour écrire le programme inverse de l'exercice précédent (degrés Fahrenheit vers degrés Celsius), il faudrait l'instruction :

```
mettre [Celsius] à ((Fahrenheit) / (1.8)) - (32)
```

❑ Vrai ❑ Faux

En sortie du programme ci-contre,

2. la variable `truc` vaut 16.

❑ Vrai ❑ Faux

3. la variable `machin` vaut 3.

❑ Vrai ❑ Faux

```
mettre [truc] à [1]
mettre [machin] à [4]
ajouter à [machin] (truc)
mettre [truc] à ((3) * (machin))
ajouter à [truc] (1)
mettre [machin] à ((machin) - (2))
```

➜ corrigés p. 95

Instruction conditionnelle (tester avec un « si »)

42

Lue Relue Apprise

mes notes

1 L'essentiel du cours

A « Si . . . alors . . . sinon . . . »

Il est très fréquent lorsqu'on écrit un algorithme ou un programme qu'on doive adapter les instructions en fonction des événements qui se produisent. Il faut donc réaliser des tests selon le schéma :

si *condition* **alors**
| *instruction si vrai*
sinon
| *instruction si faux*
fin

Remarque

Le « sinon » n'est pas obligatoire.

Dans cette instruction, dite conditionnelle, la condition est une affirmation, qui peut être soit vraie, soit fausse. En pratique, c'est une égalité ou une inégalité portant sur des nombres ou des chaînes de caractères.

B Un exemple avec une inégalité

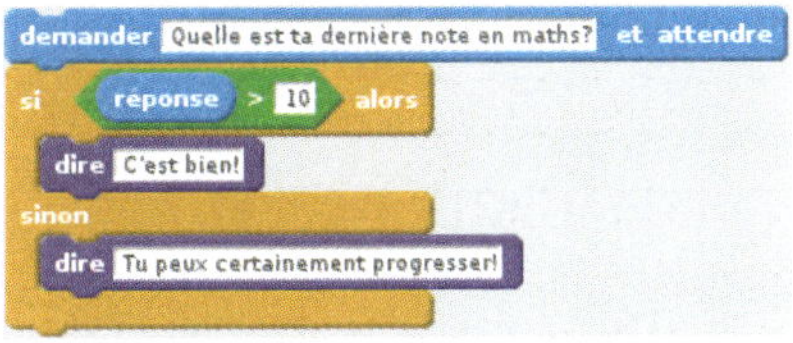

Remarque

Il n'y a pas besoin de préciser réponse < 10 pour l'instruction du sinon.

C Un exemple de tests multiples

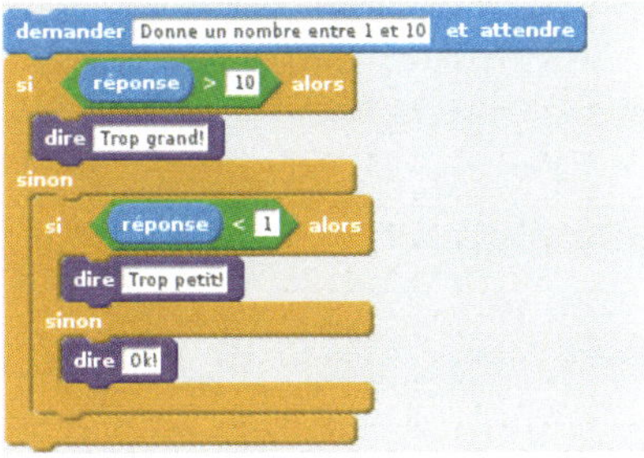

Vocabulaire

On dit qu'on a imbriqué les instructions.

mes notes

2 Application

EXO Écrire un programme de table de multiplication : choisir deux nombres aléatoirement, demander leur produit et tester si la réponse est correcte.

Solution

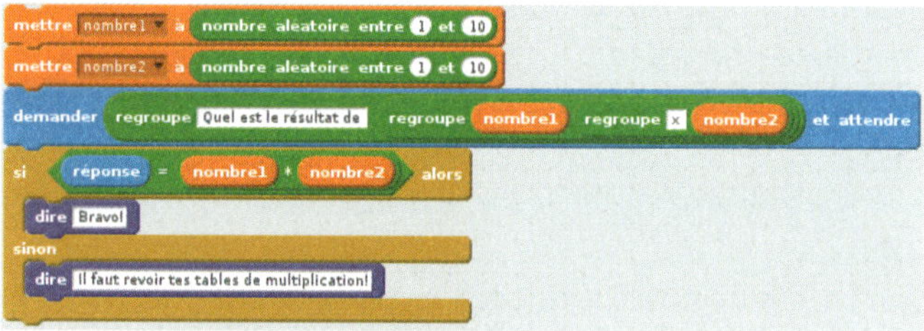

La commande « nombre aléatoire entre 1 et 10 » choisit un nombre aléatoire à chaque fois qu'on l'utilise : il faut donc penser à créer deux variables pour stocker les nombres choisis (voir fiche 41).

Mémo'Quiz

Dans le programme ci-contre, on utilise la commande « modulo » qui donne le reste dans la division euclidienne. Autrement dit « réponse modulo 3 = 0 » est vrai si « réponse » est divisible par 3, et faux sinon.

Qu'affiche le programme si :

1. on donne le nombre 24 ?
❑ Fizz ❑ Buzz ❑ Scratch

2. on donne le nombre 71 ?
❑ Fizz ❑ Buzz ❑ Scratch

3. on donne le nombre 45 ?
❑ Fizz ❑ Buzz ❑ Fizzbuzz

4. on donne le nombre 55 ?
❑ Scratch ❑ Buzz ❑ Fizzbuzz

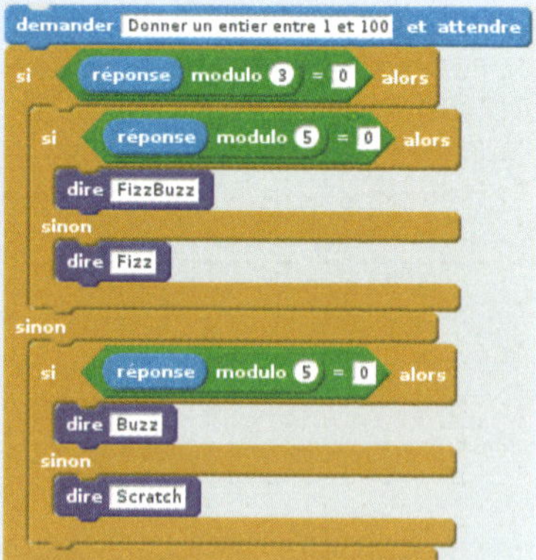

→ corrigés p. 95

Instruction itérative (répéter avec une boucle)

Lue Relue Apprise

43

mes notes

1 L'essentiel du cours

Bien des programmes informatiques nécessitent de répéter certains blocs d'instructions de façon identique, ou presque. On parle alors de **boucle**. Il existe deux façons d'arrêter cette boucle : soit après un nombre prédéfini de passages dans la boucle, soit jusqu'à ce qu'une condition se réalise.

A Répéter « n » fois

Reprenons le programme de la table de multiplication de la fiche **42**. On peut l'améliorer en lançant une série de questions plutôt qu'une seule.
Si on veut demander 10 produits par exemple, il suffit d'imbriquer le programme précédent dans le bloc ci-contre :

B Répéter « jusqu'à » (ou « tant que »)

Lorsqu'on ne sait pas à l'avance le nombre de fois qu'il faut répéter le bloc d'instructions, il faut réfléchir à la condition (ou test) d'arrêt de la boucle.
Avec l'exemple précédent, on pourrait imaginer ajouter une variable score qui compte le nombre de bonnes réponses.
On crée donc ensuite une condition (comme dans un « si... alors... ») pour répéter le programme jusqu'au nombre de bonnes réponses souhaitées, sans oublier d'initialiser la variable score, et en lui ajoutant 1 à chaque bonne réponse :

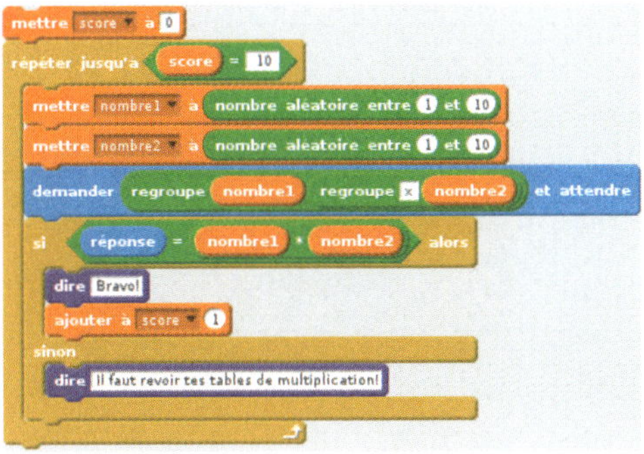

L'astuce du prof

Une variable **compteur** est souvent utile dans une telle boucle pour savoir combien de répétitions ont eu lieu.

Vocabulaire

Avec la commande ajouter à score 1, on **incrémente** la variable score.

Attention

Il faut toujours vérifier que la condition de sortie se réalisera. Sinon le programme ne sort jamais de la boucle et il faut l'arrêter « brutalement ».

mes notes

2 Application

EXO On veut reproduire le motif ci-contre, où les carrés ont un côté de 40 et sont espacés de 10.

1. Écrire un programme qui construit un carré, à l'aide d'une boucle.
2. Imbriquer ce programme dans une deuxième boucle afin de tracer le motif.

Solution

1. Voici pour un carré :

```
stylo en position d'écriture
répéter 4 fois
    avancer de 40
    tourner ↻ de 90 degrés
```

2. Et pour le motif :

```
répéter 5 fois
    stylo en position d'écriture
    répéter 4 fois
        avancer de 40
        tourner ↻ de 90 degrés
    relever le stylo
    avancer de 50
```

Pour tracer le carré, on aurait pu écrire quatre fois de suite les blocs :

```
avancer de 40
tourner ↻ de 90 degrés
```

mais répéter fait gagner beaucoup d'instructions dans un programme.

Mémo'Quiz

Voici un programme donnant les diviseurs d'un nombre :

```
demander Donner un nombre: et attendre
mettre nombre à 1
répéter jusqu'à nombre > réponse
    si réponse modulo nombre = 0 alors
        dire nombre pendant 0.5 secondes
    ajouter à nombre 1
```

1. On aurait pu remplacer la condition de la boucle par `nombre = réponse`

❑ Vrai ❑ Faux

2. La variable `nombre` ne sert à rien, on pouvait aussi utiliser une boucle :

```
répéter réponse fois
```

❑ Vrai ❑ Faux

→ corrigés p. 95

MES exemples

En classe de 3ème, je dois être capable de comprendre les instructions d'un programme rédigé avec le logiciel Scratch.

Les instructions élémentaires

Exemple :

Mon interprétation des lignes du programme

Par exemple, si j'ai choisi le nombre entier 70 :

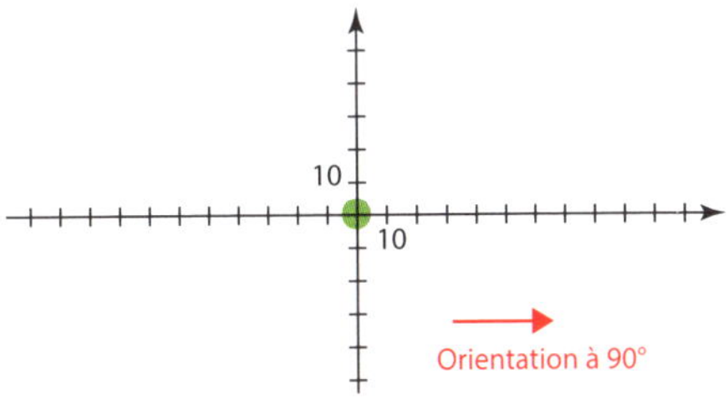

MES **exemples**

L'instruction conditionnelle « Si … alors … (sinon) »

Exemple :

Mon interprétation des lignes du programme

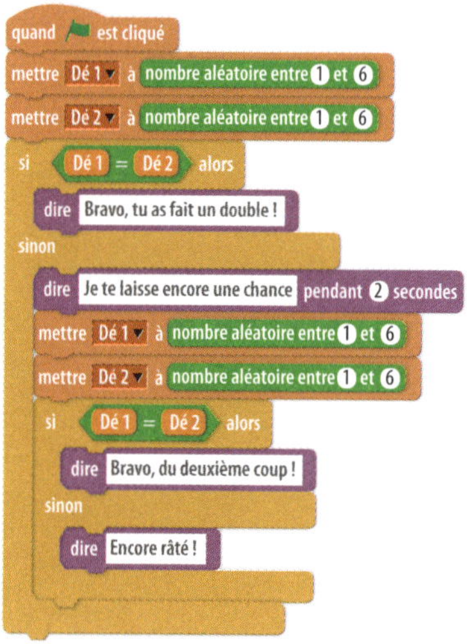

Le programme affiche

- **1er lancer :** dé 1 = 5 et dé 2 = 5
- **1er lancer :** dé 1 = 4 et dé 2 = 3
  2ème lancer : dé 1 = 6 et dé 2 = 6
- **1er lancer :** dé 1 = 3 et dé 2 = 5
  2ème lancer : dé 1 = 2 et dé 2 = 2

Gérer un événement clavier ou souris

44

☐ Lue ☐ Relue ☐ Apprise

mes notes

1 L'essentiel du cours

Jusqu'à présent, les programmes étudiés ne comportent que peu d'interaction avec l'utilisateur, mis à part pour demander une saisie de texte au clavier. On est pourtant souvent amené à créer des programmes où les objets créés vont devoir interagir entre eux, ou bien c'est leur comportement qui doit être modifié par l'action de l'utilisateur. On peut pour cela programmer les instructions liées à l'utilisation du clavier ou de la souris. On parle de programmation **événementielle**.

A Pilotage d'un objet au clavier

Pour animer un objet devant se déplacer, on peut agir sur les coordonnées de l'objet. On utilise alors le déclencheur ci-dessous pour programmer le déplacement lié à chaque touche (les flèches directionnelles par exemple).

Exemple :

Repère

Avec Scratch, les abscisses (x) sont comprises entre –240 et 240 et les ordonnées (y) entre –180 et 180.

Astuce

« Enlever 10 à x » n'existe pas, il faut donc penser aux nombres négatifs !

B Pilotage d'un objet à la souris

Scratch connaît plusieurs instructions, tests ou variables liés à la souris. Il s'agit donc d'y piocher celles qui permettront de piloter un objet comme on le souhaite.

Exemple :

Pour que l'objet suive le pointeur de la souris :

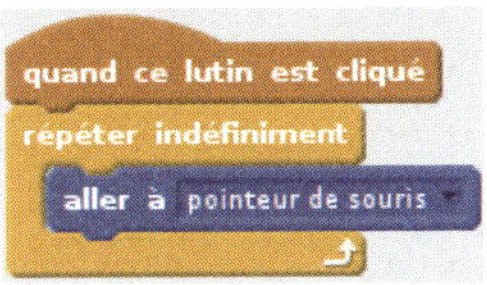

Attendre le clic de la souris pour le déplacer au pointeur de la souris :

mes notes

2 Application

EXO Écrire un programme qui permette de piloter un lutin dans le labyrinthe ci-contre, et qui s'arrête dès que le lutin touche une paroi du labyrinthe.
Le lutin se trouve au départ au point de coordonnées (–30 ; 170). On pourra utiliser le capteur « couleur ■ touchée? ».

Solution

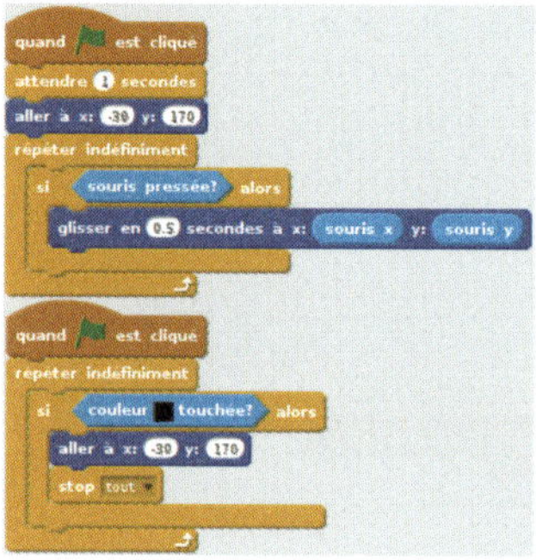

Se déplacer directement à la position de la souris ne permettrait pas de détecter les contacts du lutin avec les parois.
Il est nécessaire d'avoir deux scripts ici : si on imbrique les deux « si » dans la même boucle, la détection de « couleur ■ touchée? » ne se ferait qu'après le mouvement et non pendant.
Remarquer l'emploi d'un autre type de boucle, avec une condition d'arrêt à l'intérieur de la boucle.
Astuce : attendre 1 seconde en début de script permet de ne pas déplacer le lutin en direction du 🏳 !

Mémo'Quiz

On désire désormais piloter le lutin au clavier. Voici la partie du programme associé au mouvement vers le haut.
Désormais, le script ne s'arrête plus si le lutin touche une paroi. Mais s'il en touche une, le lutin doit revenir sur ses pas.

1. Quel doit être le premier bloc de mouvement ?

☐ ajouter 5 à x ☐ ajouter 5 à y ☐ ajouter -5 à y

2. Quel doit être le deuxième bloc de mouvement ?

☐ ajouter 5 à x ☐ ajouter -5 à y ☐ ajouter -5 à x

→ corrigés p. 95

Échanger un message

Lue Relue Apprise

45

mes notes

1 L'essentiel du cours

Nous allons traiter cette dernière fiche sur un exemple : le jeu du pendu. Il nous permettra d'illustrer l'intérêt des échanges de messages entre les objets du programme et de comprendre comment élaborer un projet plus complexe en le décomposant.

Remarque
On devra donc écrire **un script pour chaque lutin.**

A Les lutins

Il faut tout d'abord réfléchir aux différents lutins qui vont intervenir dans notre projet :
- un animateur, qui pose le jeu et annonce les résultats.
- un lutin par lettre du mot à deviner (MATHS), puisqu'elles doivent apparaître indépendemment. On les positionnera correctement sur la scène.
- un lutin pour l'avancement de la « potence », qu'on munira d'un costume par étape (10 au total).

B Les variables

Pour savoir quand le jeu est terminé (gagné ou perdu), on doit compter les essais, bons ou mauvais. De plus, il faut être capable de reconnaître si la lettre proposée est dans le mot à deviner. On a donc besoin :
- d'une variable bons qui compte les bonnes propositions ;
- d'une variable mauvais qui compte les mauvaises propositions ;
- d'une liste mot qui contient les bonnes propositions. On y ajoute les éléments par ajouter m à mot

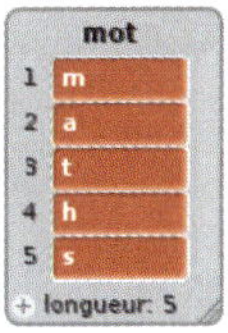

C Analyse des scripts et échanges de messages

Puisque le script fait intervenir plusieurs lutins, il faut les faire communiquer pour déclencher leurs scripts personnels.

● **L'animateur** : il doit demander une lettre à l'utilisateur, et en fonction de la réponse, orienter vers l'affichage de la bonne lettre ou faire basculer de costume à la potence. Ce lutin enverra donc un message contenant la bonne lettre, contenue dans réponse, ou un message « faux » par exemple en destination de la potence.

mes notes

Il doit également annoncer le résultat du jeu : il le fera en recevant un message « gagné » ou « perdu » envoyé par les lettres si la variable bons contient la valeur 5 (la longueur de MATHS) ou par la potence si la variable mauvais contient la valeur 10.

- **Les lutins lettres** : lorsqu'elles reçoivent le message qui leur correspond, elles doivent s'afficher et la variable bons doit s'incrémenter. Et si bons atteint 5, il faut envoyer un message « gagné » à l'animateur.
- **La potence** : elle doit changer de costume lorsqu'elle reçoit le message « faux » et la variable mauvais doit alors s'incrémenter. Et si mauvais atteint 10, il faut envoyer un message « perdu » à l'animateur.

C Les scripts

Voici trois scripts, dans le désordre, correspondant à l'animateur, au lutin « M » et à la potence.

- Initialisation du programme : il faut mettre les variables à 0 (ou une autre valeur initiale selon le programme), et gérer l'apparence (cacher/montrer les costumes) des lutins en début de programme.
- Pour chaque lutin, le script peut comprendre plusieurs blocs déclenchés par des évènements différents.

Script n° 1

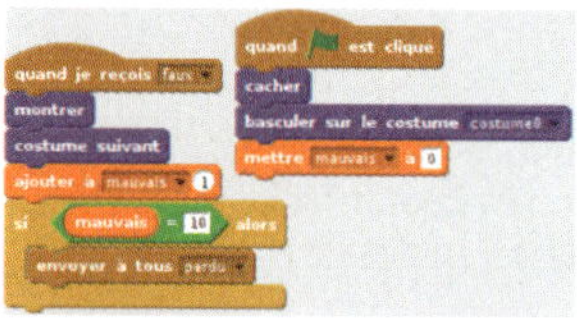

Script n° 2

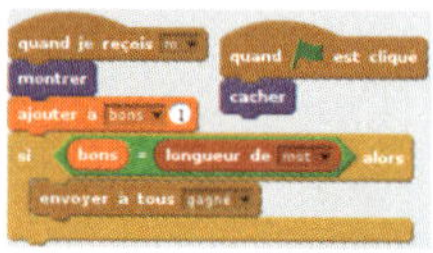

Script n° 3

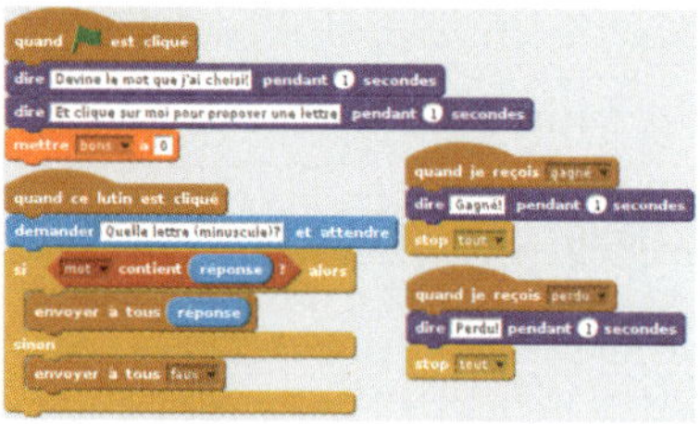

Conseil

Comme pour les variables, il est recommandé de donner un nom parlant aux nouveaux messages lors de leur création.

Mémo'Quiz

Retrouver à quels lutins appartiennent les scripts précédents.

→ corrigés p. 95

MES exemples

L'instruction itérative « Répéter »

Exemple :

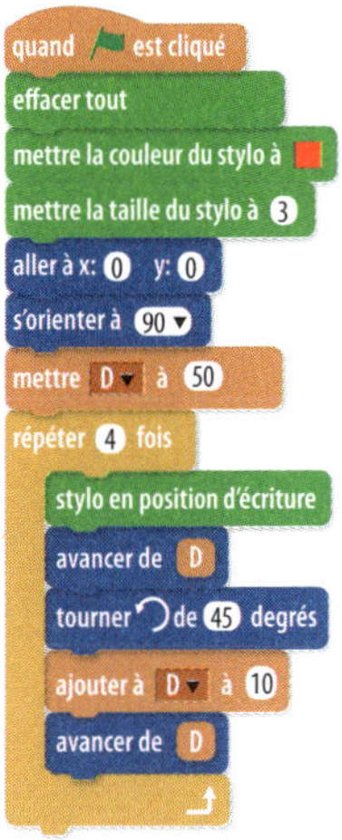

Mon interprétation des lignes du programme

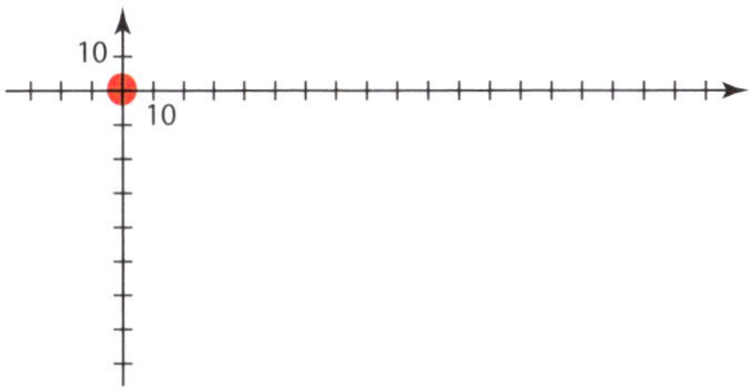

MES exemples

Le pilotage au clavier

Exemples :

Mon interprétation des lignes du programme

```
quand [flèche droite ▼] est pressé
avancer de (10)
```

-

```
quand [flèche haut ▼] est pressé
ajouter (20) à y
```

-

```
quand [flèche bas ▼] est pressé
ajouter (– 10) à y
```

-

```
quand [flèche gauche ▼] est pressé
avancer de (– 20)
```

-

MES NOTES POUR L'ALGORITHMIQUE

MES annexes

Le quadrilatère particulier

NOM	LA FIGURE	PROPRIÉTÉ(S)
Trapèze	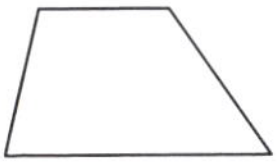	
Parallèlogramme	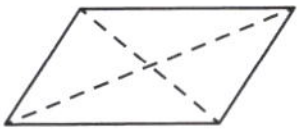	
Losange	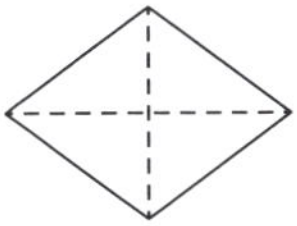	
Rectangle	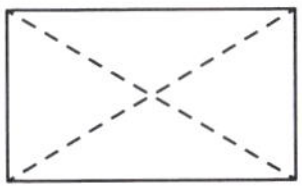	
Carré	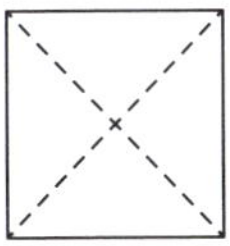	

MES annexes

Quadrilatère
Deux cotés parallèles
....
Côtés parallèles deux à deux
Côtés opposés de même longueur
Diagonales se coupant en leur milieu
....
Un angle droit
Diagonales ....
Deux cotés consécutifs ....
Diagonales ....
....
....
Deux cotés consécutifs ....
Diagonales ....
Un ....
Diagonales ....
....

MES annexes

Démontrer que deux droites (d_1) et (d_2) sont parallèles

Avec une perpendiculaire

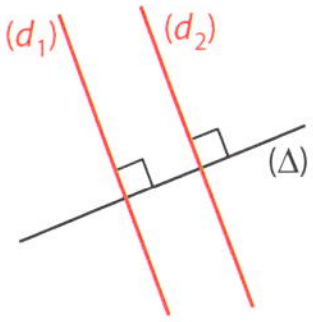

→ Propriété

....

....

....

....

Avec des angles

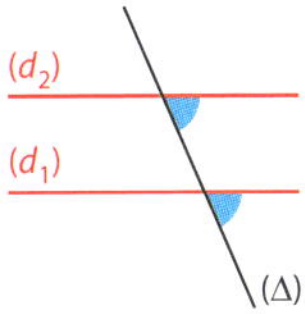

→ Propriété

....

....

....

....

Avec un parallélogramme

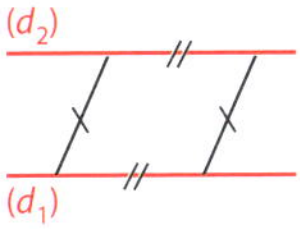

→ Propriété

....

....

....

....

Avec le théorème de Thalès

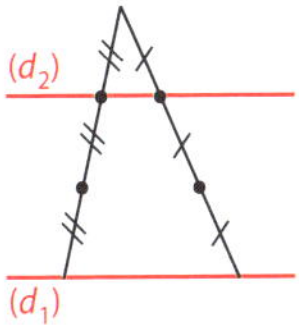

→ Propriété

....

....

....

....

Avec le théorème des milieux

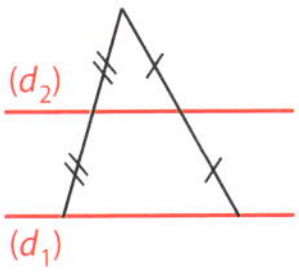

→ Propriété

....

....

....

....

MES annexes

Exemple 1

Je dois montrer que (d) // (BC).

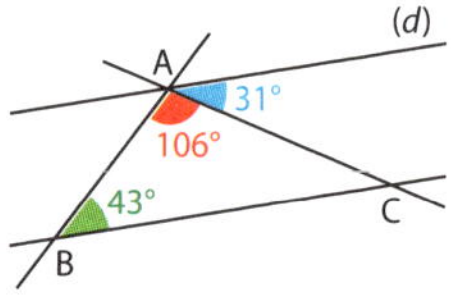

Exemple 2

Je dois montrer que (AB) // (CD).

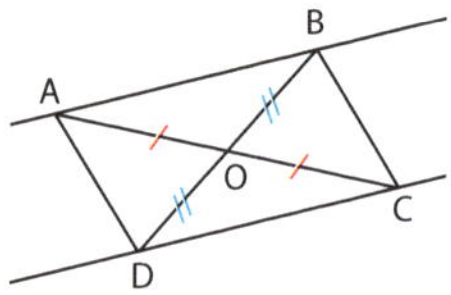

Exemple 3

Je dois montrer que (OO') // (IJ).

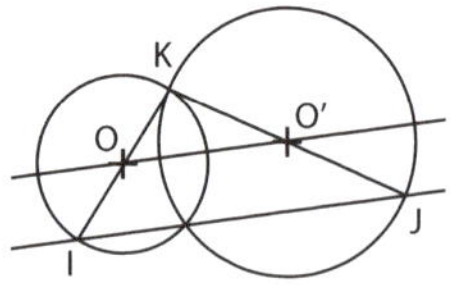

MES annexes

Démontrer que deux droites (d_1) et (d_2) sont perpendiculaires

Avec une parallèle

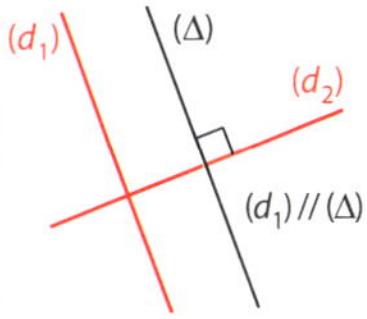

→ Propriété

Avec des angles

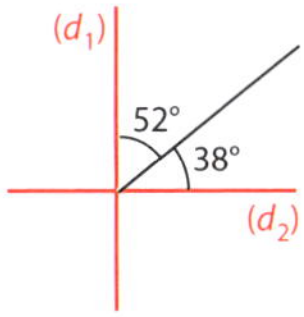

→ Propriété

Avec un rectangle

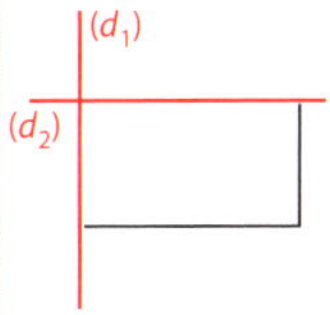

→ Propriété

Avec le théorème de Pythagore

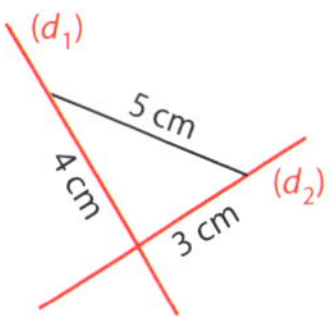

→ Propriété

Avec un cercle

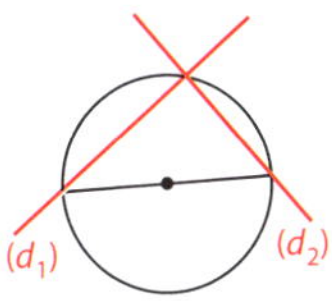

→ Propriété

MES annexes

Exemple 1

Je dois montrer que (d) ⊥ (FG).

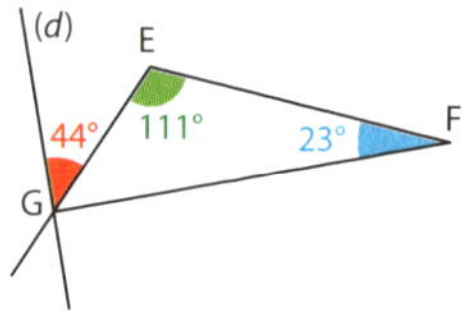

Exemple 2

Je dois montrer que (AD) ⊥ (CD).

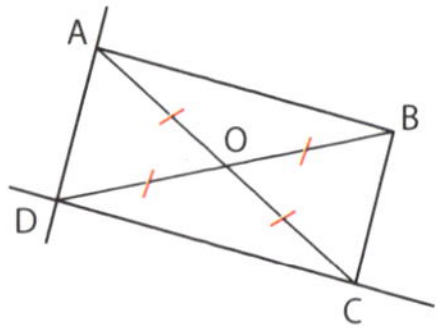

Exemple 3

Je dois montrer que (MN) ⊥ (NP).

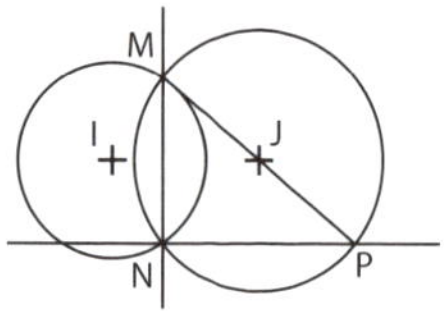

Corrigés des Mémo'Quiz

2. 1. V **2.** F, ce n'est nécessaire que pour additionner ou soutraire. **3.** V **4.** F, elle vaut $\frac{43}{7}$. **5.** F, il vaut $\frac{6}{5}$.

3. 1. 4^5 **2.** 15^2 **3.** −1 **4.** 189

4. 1. V **2.** F **3.** F, c'est un nombre trop petit. **4.** F, elle vaut $1{,}354 \times 10^{-12}$

5. 1. environ 4,2. **2.** n'existe pas. **3.** − 2 **4.** 6 cm **5.** 21

6. 1. $3x - 15$ **2.** $-10x + 5$ **3.** $3t^2 - 14t - 5$ **4.** $-z^2 - 3z + 10$ **5.** −1

7. 1. V **2.** F, $-3(x + 7)$ **3.** V **4.** V **5.** F, $(3x - 5)(5x + 2)$

8. 1. V **2.** V **3.** F **4.** F **5.** V

9. 1. F car $7 > 5$ **2.** V **3.** V **4.** F, c'est 25 qui est un diviseur de 75. **5.** F **6.** V

10. 1. $\frac{3}{14}$ **2.** $2 \times 3^2 \times 5 \times 11$ **3.** 101 **4.** 12 et 15 **5.** $3^2 \times 11$

11. 1. 4 **2.** 5 et −5 **3.** $\frac{13}{3}$

12. 1. F, les solutions sont $\frac{1}{4}$ et $\frac{-3}{2}$ **2.** V, cela donne $(x + 2)(-2 + x)$ **3.** V **4.** F, les solutions sont $\frac{4}{3}$ et −2.

13. 1. V **2.** F, car $-3 \times (-2) = 6$ **3.** F **4.** V **5.** V

14. 1. V **2.** F, l'image de 0 par g est 2. **3.** F, $p(7) = -28$

15. 1. V **2.** F, il en a 2. **3.** F, un antécédent de 3 est 2. **4.** F, $h(3) \neq 2$.

16. 1. V **2.** F, positif **3.** F **4.** V

17. 1. V **2.** F, car la droite descend. **3.** F **4.** V

18. 1. $\frac{3}{5}x$ **2.** P(2 ; −6) **3.** $x \mapsto -2x$

19. 1. V **2.** F, elle vaut 5 **3.** V **4.** V

20. 1. translation **2.** symétrie centrale **3.** translation **4.** symétrie centrale

21. 1. rectangle **2.** isocèle **3.** quelconque **4.** on ne peut pas savoir

22. 1. V **2.** V **3.** F **4.** V **5.** F **6.** F

23. 1. $\frac{1}{3}$ **2.** 5 **3.** 17 **4.** $\sqrt{2}$

24. 1. F, $\frac{TL}{TH} = \frac{TE}{TA} = \frac{LE}{HA}$ **2.** F, $\frac{TS}{TE} = \frac{TM}{TL} = \frac{SM}{LE}$ **3.** V **4.** V **5.** F, LE = 14

25. 1. F, il faut comparer par exemple $\frac{KI}{KL}$ et $\frac{KJ}{KN}$. **2.** V **3.** V **4.** F

26. 1. $\sqrt{2}$ cm **2.** $\sqrt{41}$ cm **3.** environ 14 cm **4.** $\sqrt{3}$ cm

27. 1. isocèle **2.** rectangle **3.** 9-12-15

28. 1. 60° **2.** 45° **3.** environ 28°

29. 1. $\frac{CH}{AH}$ **2.** $\frac{CH}{\tan(37)}$ **3.** $BC = AB \times \sin(37)$

30. 1. V **2.** F **3.** V **4.** V

31. 1. V **2.** F **3.** V **4.** V

32. 1. 1 000 **2.** 7 420 **3.** 288 **4.** 3 fois plus grand.

Corrigés des Mémo'Quiz

33. 1. 928 m^3 **2.** 477 m^3 **3.** 0,6 **4.** $103 \times \frac{729}{1000}$

34. 1. V **2.** F, C (–1 ; 3 ; –1) **3.** F, ce sont des parallèles. **4.** V

35. 1. 17 **2.** 11 **3.** 11,5 **4.** V 5. V

36. 1. 21,6° **2.** 4,2 **3.** 15

37. 1. 3 **2.** 49,5 %

38. 1. V **2.** F **3.** V **4.** V

39. 1. $\frac{2}{6}$ **2.** 0 **3.** 0,5 **4.** 1

40. 1. 180 km/h **2.** 36 km/h **3.** 3 h 15 min

41. 1. F, il faut d'abord soustraire 32. **2.** V **3.** V

42. 1. Fizz **2.** Scratch **3.** Fizzbuzz **4.** Buzz

43. 1. F, il manquerait le dernier diviseur. **2.** F, la variable intervient à l'intérieur de la boucle.

44. 1. ajouter 5 à *y* **2.** ajouter –5 à *y*

45. 1. Potence **2.** Lettre M **3.** Animateur (chat)

Responsable d'édition : Raphaëlle Mourey
Réalisation éditoriale : Julie Langlais
Conception graphique intérieur : Julie Lannes et Élise Launay
Couverture : Élise Launay
Composition : Linéale
Schémas : Corédoc
Fabrication : Adeline Caillot

N° éditeur : 10258223
Dépôt légal : décembre 2018
Imprimé en France en septembre 2019 par Clerc

LES stickers !

Je connais

Il me manque des connaissances...

À revoir !

POUR flécher et planifier

À RETENIR | À RETENIR | À RETENIR
À RETENIR | À RETENIR | À RETENIR | À RETENIR

IMPORTANT | IMPORTANT | IMPORTANT | IMPORTANT
IMPORTANT | IMPORTANT | IMPORTANT | IMPORTANT

À REVOIR | À REVOIR | À REVOIR | À REVOIR
À REVOIR | À REVOIR | À REVOIR | À REVOIR

à réviser pour le...

à réviser pour le...

à réviser pour le...

à réviser pour le...

Pour compléter mes fiches perso

ordonnée de M	diviseur	$\mathcal{V} = \frac{4}{3}\pi r^3$	est un antécédent	$0 \leqslant r < b$	divise
est divisible par	multiple	$\frac{\text{côté opposé}}{\text{hypoténuse}}$	est l'image	équateur	côté adjacent
diviseur	est un antécédent	méridien de Greenwich	reste	$\mathcal{V} = \pi r^2 \times h$	est l'image
$\mathcal{V} = \frac{1}{3}\pi r^2 h$	est l'image	abscisse de M	$\mathcal{V} = a \times b \times c$	parallèle	méridien
quotient	$\mathcal{V} = \frac{1}{3}\text{base} \times h$	est un antécédent	dividende	$\frac{\text{côté opposé}}{\text{côté adjacent}}$	côté opposé
hypoténuse	$\frac{\text{côté adjacent}}{\text{hypoténuse}}$	altitude de M			

Stickers-bonus